U0204497

21世纪全国高等院校艺术设计系列实用规划教材

园林景观工程设计与实训

宋培娟　主　编

徐景福　主　审

北京大学出版社

PEKING UNIVERSITY PRESS

内 容 简 介

本书以"园林景观工程"项目为案例,紧扣当前设计专业学生的学习需求,以工作流程和工程项目为主线,营造具有工作氛围的学习情境,面向实际运用,将情景教学设计和项目案例贯穿于整个知识结构与内容,重点培养学生的创造性思维,提高他们的项目设计水平。本书对实际工程项目进行了详细分析与设计,编写了完整规范的项目流程,让学生通过项目设计了解项目工作流程,真正做到理论联系实际。

本书可作为环境艺术设计、景观设计、建筑设计、园林景观等专业的教材,也可作为设计爱好者和自学人员的参考用书。

图书在版编目(CIP)数据

园林景观工程设计与实训/宋培娟主编. —北京:北京大学出版社,2014.1
(21世纪全国高等院校艺术设计系列实用规划教材)
ISBN 978-7-301-23351-1

Ⅰ.①园⋯ Ⅱ.①宋⋯ Ⅲ.①景观—园林设计—高等学校—教材 Ⅳ.①TU986.2

中国版本图书馆 CIP 数据核字(2013)第 245757 号

书　　　　名:	园林景观工程设计与实训
著作责任者:	宋培娟　主编
策 划 编 辑:	孙　明
责 任 编 辑:	李瑞芳
标 准 书 号:	ISBN 978-7-301-23351-1/J · 0541
出 版 发 行:	北京大学出版社
地　　　　址:	北京市海淀区成府路 205 号　100871
网　　　　址:	http://www.pup.cn　　　　新浪官方微博:@北京大学出版社
电 子 信 箱:	pup_6@163.com
电　　　　话:	邮购部 62752015　发行部 62750672　编辑部 62750667　出版部 62754962
印 刷 者:	北京宏伟双华印刷有限公司
经 销 者:	新华书店
	787mm×1092mm　　16 开本　　12 印张　　276 千字
	2014 年 1 月第 1 版　　2020 年 8 月第 3 次印刷
定　　　　价:	50.00 元

未经许可,不得以任何方式复制或抄袭本书之部分或全部内容。
版权所有,侵权必究
举报电话:010-62752024　　电子信箱:fd@pup.pku.edu.cn

前　言

　　园林景观设计作为建立在环境艺术设计概念基础上的艺术设计门类，在传统园林理论的基础上，涵盖了建筑、植物、美学、文学等相关专业人士对自然环境进行有意识改造的思维过程和筹划策略。园林景观设计是一个综合性很强的公共环境设计系统，将在新世纪的城市化建设大潮中发挥重要作用。虽然中国的园林景观设计起步较晚，但发展很快。随着城市、区域环境的发展，园林景观设计方面的专业人才，尤其是高素质的复合型人才远不能满足发展的需要。因此，高等院校相继开设城市规划设计、室内与环境设计、园林景观设计、工业设计等专业基础课程。当代与园林景观相关的商业企业是一个非常具有创造性的不断变化的领域，充满挑战。园林景观设计师的努力不仅会改善人类的生活环境，而且会越来越得到社会的认可与尊重。

　　园林景观工程系统的学习是一个浓缩的、贴近学生生活的、容易理解和掌握的完整的园林景观项目系统的一部分。本书是以"园林景观工程"项目为背景，编写时紧扣当前环境艺术设计专业学生的知识需求，突出重点，结合实际工程，面向实际运用，为学生提供具有指导性和实用性的知识。

　　编者希望这本书中呈现的有关资料能够激发高校学生和职业设计者的兴趣，并通过阅读本书可以基本理解园林景观工程设计的过程，包括设计分析、地形改造与规划、空间创造及道路系统布置、环境评价、理想设计的评估、材料的合理选择、园林景观内公共设施的合理使用等。另外，对于那些即将步入社会，成为设计师或经营者的学生，本书还提供了一些专业的投标及经营等方面的资料。

　　由于本书的出发点是想以较少的篇幅介绍尽量多的园林景观工程设计过程，所以在某些方面，很可能采用了比较程序化的方法，对于读者全面了解整个园林景观工程行业所涉及的问题很有帮助，而且随着经验的增加，许多设计程序便会根植于设计者的头脑当中，从而自然地形成全面而深入的设计思维。

编　者

2013年7月

目　录

目　录

目　录

项目一 园林景观工程设计的前期准备

教学能力目标：

1. 通过学习，了解园林景观设计的概念以及园林景观设计师的任务。
2. 掌握整个园林景观工程项目的设计流程与步骤。
3. 了解园林景观工程项目相应阶段要完成的任务、内容、要求、目标等。
4. 掌握完成工程任务的方法和流程。
5. 使学生在进行项目的过程中做到目标明确。

项目介绍

园林景观设计是一门非常复杂的学科，是科学与艺术的结合。园林设计与景观设计存在着密不可分的必然联系，一处合理的园林景观不但有美学价值，而且还具有实用价值。如夏季遮阴，冬季可以保暖采光、遮风挡雪，控制径流，而且植物丰富的色彩和幽香的气味给人以愉悦的享受。它同时又是一件艺术作品，要由优秀的园林景观设计师和经验丰富的施工人员共同合作才能完成。它包含了十分广泛的专业内容，涉及地质、气象、生态、自然生物、自然植物、社会、历史、艺术等多门学科。随着时代的发展，园林景观设计逐渐成为一门新兴的学科，它具有明显的多学科与多专业综合的特点。

项目分析

园林景观设计是一门古老而新颖的学科。古老在于它的存在和发展一直与人类的发展息息相关，包括人类对生存与生活环境的追求，以及对生活环境有意识和无意识的改造活动。中国的园林景观设计历史悠久、寓意深远，并给人们留下了珍贵的物质文化遗产。而新颖则在于上述这种活动直到近一个世纪前才孕育出了园林景观设计专业这门学科。也可以说，是同样进行这种改造活动的众多学科，如建筑、风景园林、城市规划等共同促成了园林景观设计专业学科的诞生。因此，在学习或从事园林景观设计前，应当比较全面地关注本学科一些主流设计师的思想理念和设计实践，更不能单纯地去追随"前卫"的设计理论而脱离实际或片面地去追求设计效果的视觉冲击力，在掌握了园林景观设计的基本理念的同时，还要更全面地建立起科学和完善的设计方式和方法，这对于初学者及园林景观设计的从业人员都是至关重要的前提条件和根本保证。

项目相关知识

1.1 园林景观工程设计的具体范围

园林景观工程实践的整体框架大致应包括以下层次和范围(图1-1至图1-8)：

(1) 城市与区域规划：区域的景观设计就是在从百平方公里到上万平方公里的宏观上设计，梳理其水系、山脉、绿地系统及交通等。

(2) 城市设计：指设计城市的公共空间、开放空间、绿地、水系等，这些元素界定了城市的形态。

(3) 风景旅游地规划：包括风景旅游地的规划和设计、自然地和历史文化遗产地的规划和设计。

(4) 城市与区域生态基础设施规划。

(5) 校园、科技园和办公园区的设计。

(6) 花园、公园和绿地系统的规划和设计。

(7) 景观与区域规划和自然景观的重建。

(8) 城市广场和步行街设计。

(9) 滨水区设计。

(10) 墓园设计。

图1-1　中国苏州留园

图1-2　美国纽约中央公园

图1-3　学校景观设计

图1-4　英国布莱顿的"新街"商业步行街

图1-5　城市规划设计

图1-6　滨水景观设计

图1-7　可口可乐大厦景观　　　　图1-8　泰国希尔顿酒店(Hilton Pattaya)景观设计

1.2　园林景观设计师

根据《中华人民共和国劳动法》的有关规定，为了进一步完善国家职业标准体系，为职业教育、职业培训和职业技能鉴定提供科学、规范的依据，人力资源和社会保障部组织有关专家，制定了《景观设计师国家职业标准(试行)》。在其中提出了这样的定义：景观设计师是运用专业知识及技能，从事景观规划设计、园林绿化规划建设和室外空间环境创造等方面工作的专业设计人员。本职业共设四个等级，分别为：景观设计员(国家职业资格四级)、助理景观设计师(国家职业资格三级)、景观设计师(国家职业资格二级)、高级景观设计师(国家职业资格一级)。

以上我们可以总结出景观设计师是以景观设计为职业的专业人员。从事景观设计行业的专业人员，应是具备美学、绘图、设计、勘测、文化、历史、心理学等各方面知识的综合性专业型人才(图1-9至图1-12)。园林景观设计师也可能对某些领域有专门的研究，如居住区景观设计、城市街景设计、城市公园规划设计或城市广场规划设计等。另外，他们还应熟悉苗木特性，善于现场布景，有效地控制工期和景观实施效果，熟练使用计算机办公软件及绘图专业软件。最后，园林景观设计专业人员要具有极强的敬业精神和责任心，对委托人、雇主、施工人员负责，并掌握高效的工作方法，具备良好的协调能力，要为设计高质量的园林景观作品而努力。

图1-9　设计师的工作状态　　　　　　图1-10　设计师现场勘查

图1-11　计算机软件设计效果图表现

图1-12　手绘设计效果图表现

随着我国人民生活水平的不断提高，我国的城市建设和环境建设以前所未有的速度向前推进，全国各地都掀起了园林景观设计的热潮，园林景观建设已经成为城镇建设的重要内容，对景观设计师的需求日益提高。园林景观设计师职业的设立，基本作用和目标在于让相关人才运用城市规划、园林绿化、环境设计等专业理论知识和技能，保护并利用自然与人文景观资源，创造优美宜人的人居环境及组织安排良好的游憩环境。目前已有数以万计的设计人员从事园林景观设计工作，主要分布在我国的各大城市，以北京、上海、广州、天津和重庆居多。据中国景观建筑人才网报道，在这些城市景观设计师的收入都处于各种社会职业的上游水平，使得景观设计人员已经跻身于高薪一族。

景观设计师所能解决的问题范围十分广阔，包括了建筑师和城市规划师及管理者所涉及的大多数领域，并且负责协调各种元素之间的关系，并加以整合完善，以达到人与自然之间的最佳平衡。景观设计师的客户范围包括了从私人业主到地区发展商，乃至政府在内的一切客体。正因为景观设计师所需具备的知识技能与解决问题的范围如此广泛，因此我国对景观设计师的需求也在不断增加。

当今，人们对环境的关注已不仅仅是满足生活需要，而且更加关注生态学意义上的环境建设和可持续发展的城市建设。因此，在未来的社会发展中，园林景观设计师将以其解决这方面问题的能力来承担更加重要的责任。

园林景观设计师适应的就业领域广泛，能参与园林景观项目的全部过程，具体岗位有：

(1) 设计院(所)的专业设计工作和技术管理工作者。

(2) 专业学校和大专院校的专业教育工作者。

(3) 园林景观设计员(师)的国际职业培训和继续教育工作者。

(4) 国家政府主管部门的公务人员。

(5) 企事业单位的环境景观建设管理部门的工作者。

(6) 城市投资和房地产开发公司的环境建设工作者。

(7) 施工企业的园林景观建设施工和施工管理工作者。

1.3 园林景观工程设计流程

各种项目的设计都要经过由浅入深，从粗到细，不断完善的过程，园林景观设计也不例外。不能只是简单地满足于创作出一件漂亮的设计作品，园林景观设计过程中的许多阶段都是息息相关的，因此我们往往需要同时考虑它们。一个科学合理的设计程序对于整体设计的成功有着非常重要的作用，它可以帮助业主方和设计师理清工作思路，明晰不同工作阶段的工作内容，引导并解决在园林景观设计中出现的诸多问题。设计者应先进行现场调查，熟悉物质环境、社会文化环境和视觉环境等，然后对所有的与设计有关的内容进行概括和分析，最后拿出合理的方案，进而完成设计。这种先调查再分析，最后综合的设计过程可划分为三个阶段，每个阶段都有不同的内容，需解决不同的问题，并且对图面也有不同的要求。

1.3.1 资料收集分析阶段

(1) 接受设计任务、基地实地踏勘，同时收集有关资料。

作为一个建设项目的业主(俗称"甲方")会邀请一家或几家设计单位进行方案设计，作为设计方(俗称"乙方")在与业主初步接触时，要了解整个项目的概况，包括建设规模、投资规模、可持续发展等方面，特别要了解业主对这个项目的总体框架方向和基本实施内容。另外，业主会选派熟悉基地情况的人员，陪同总体规划师到基地现场踏勘，收集规划设计前必须掌握的原始资料。这些资料包括所处地区的气候条件、周围环境、基地内环境，各处地形标高、走向等。收集来的资料和分析的结果应尽量用图面、表格或图解的方式表示(图1-13、图1-14)。通常用基地资料图记录调查的内容，用基地分析图表示分析的结果，这些图常用徒手线条勾绘，图面应简洁、醒目、说明问题，图中常用各种标记符号，并配以简要的文字说明或解释。

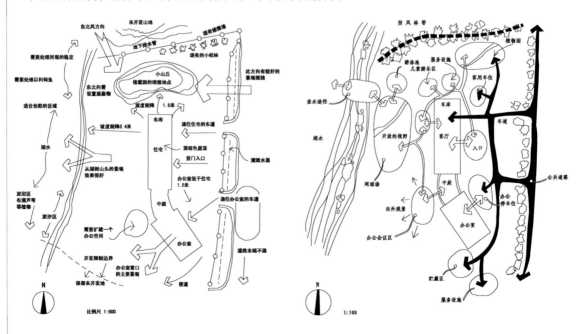

图1-13 某小区景观场地分析图 图1-14 某小区景观功能分析图

(2) 制订工作计划。

工作计划是设计工作顺利进行的保证，设计中各个环节的衔接和工作的交接、交叉，整体工作的有序推进，不同时间点所需要完成的工作等都需要有一个合理的工作计划来引领。工作计划主要包括设计内容、设计进度、时间节点、与各设计方配合节点、各工作段的汇报等。

1.3.2　方案设计阶段

(1) 初步的总体构思及修改。

基地现场收集资料后，就必须立即进行整理、归纳，以防遗忘那些较细小的却有较大影响因素的环节。在着手进行总体规划构思之前，必须认真阅读业主提供的"设计任务书"(或"设计招标书")。在设计任务书中详细列出了业主对建设项目各方面的要求：总体定位性质、内容、投资规模、技术经济相关控制及设计周期等。在进行总体规划构思时，要将业主提出的项目总体定位作一个构想，并与抽象的文化内涵以及深层的寓意相结合，同时必须考虑将设计任务书中的规划内容融合到有形的规划构图中去。

构思草图只是一个初步的规划轮廓，接下来要将草图结合收集到的原始资料进行补充、修改。该阶段的工作内容主要包括进行功能分区，结合基地条件、空间及视觉构图确定各种使用区的平面位置(包括交通的布置和分级、广场和停车场地的安排、建筑及入口的确定等内容)。常用的图面有功能关系图、方案构思图和各类规划及总平面图。

经过了初次修改后的规划构思，还不是一个完全成熟的方案。设计人员此时应该虚心好学、集思广益，多渠道、多层次、多次数地听取各方面的建议。不但要向老设计师们请教方案的修改意见，而且还要虚心向中青年设计师们请教，并与之交流、沟通，更能提高整个方案的新意与活力。经过这次修改，会使整个规划在功能上趋于合理，在构图形式上符合园林景观设计的基本原则：美观、舒适(图1-15至图1-17)。

由于大多数规划方案，甲方在时间要求上往往比较紧迫，因此设计人员特别要注意两个问题：第一，只顾进度，一味求快，最后导致设计内容简单枯燥、无新意，甚至完全搬抄其他方案，图面质量粗糙，不符合设计任务书要求。第二，过多地更改设计方案构思，花过多时间、精力去追求图面的精美包装，而忽视对规划方案本身质量的重视。这里所说的方案质量是指：规划原则是否正确，立意是否具有新意，构图是否合理、简洁、美观，是否具可操作性等。

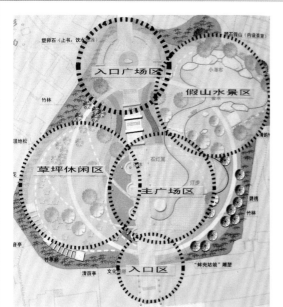
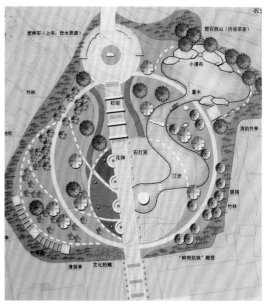

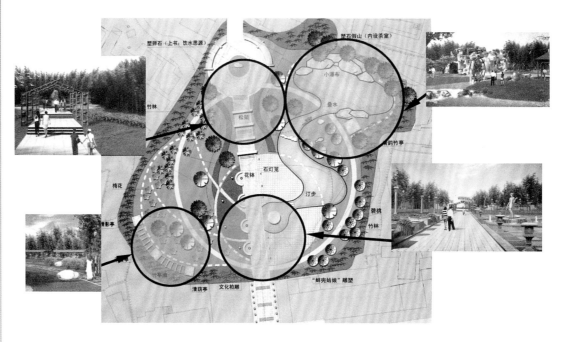

图1-15 | 图1-16
图1-17

图1-15　某镇竹文化园功能分区图

图1-16　某镇竹文化园总平面图

图1-17　某镇竹文化园景观分析图

(2) 图文的制作包装。

整个方案完全定下来后，就是图文的包装了。现在，它正越来越受到业主与设计单位的重视。最后，将规划方案的说明、投资框(估)算、水电设计的一些主要节点汇编成文字部分；将规划平面图、功能分区图、绿化种植图、小品设计图，全景透视图、局部景点透视图汇编成图纸部分。文字部分与图纸部分的结合，就形成一套完整的规划设计方案文本(图1-18)。

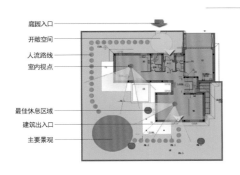

—涵玉春华（A户型）

香艳的新中式风格，突出装饰性。运用现代手法，结合中国传统造园审美特点的环境设计，具有北方传统文化特色。注重整体空间文化氛围的把握和细节的推敲。突出春季的景观效果。在种植方面以与玉兰、连翘等春天观花的植物为主。

图1-18 某高级住宅区设计方案文本

(3) 方案设计的反馈。

业主拿到方案文本后，一般会在较短时间内给予答复。或者请有关部门组织的专家进行评审，集中一天或几天时间，进行专家评审(论证)会。会提出一些调整意见：包括修改、添删项目内容，投资规模的增减，用地范围的变动等。针对这些反馈信息，设计人员要在短时间内对方案进行调整、修改和补充。对于这些信息反馈，设计人员如能认真听取反馈意见，积极主动地完成调整方案，则会赢得业主的信赖，对今后的设计工作能产生积极的推动作用；相反，设计人员如不按规定日期提交调整方案，则会失去业主的信任，甚至失去这个项目的设计任务。

(4) 方案的详细设计。

设计者结合业主或专家组方案评审意见，进行深入的设计。一旦方案定下来后，就要对整个方案进行各方面详细的设计，包括确定准确的形状、尺寸、色彩和材料，完成各局部详细的平面剖面图、详图、总体竖向设计平面、总体绿化设计平面、建筑小品的平、立、剖面(标注主要尺寸)、表现整体设计的鸟瞰图等(图1-19)。

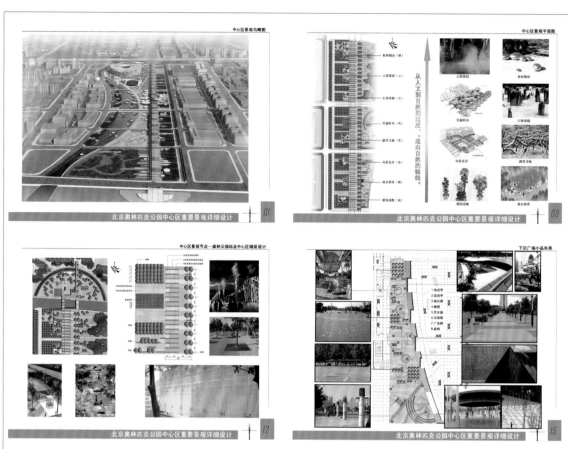

图1-19　北京奥林匹克公园中心区景观4张详细设计图

1.3.3　施工阶段

(1) 基地的再次踏勘。

这个阶段是将设计与施工连接起来的环节，根据所设计的方案，结合各工种的要求分别绘制出能具体、准确地指导施工的各种图面，而且这次的基地再次踏勘，与前一次不同：首先前一次是设计项目负责人和主要设计人，这一次必须增加建筑、结构、水、电等各专业的设计人员，因为这次需要更详细的建筑、结构、水、电的各专业施工图设计；其次，前一次是粗勘，这一次是精勘；最后，前一次与这一次踏勘相隔较长一段时间，现场情况必定有了变化，所以必须找出对今后设计影响较大的变化因素加以研究，然后调整随后进行的施工图设计。

(2) 施工图设计。

作为将设计与施工连接起来的环节，施工图要求工艺经济合理，专业配合协调，制图规范标准(图1-20)。图面应能清楚、准确地表示出各项设计内容的尺寸、位置、形状、材料、种类、数量、色彩及构造和结构，并完成施工平面图、地形设计图、种植平面图、园林建筑施工图等。

在遇到大项目、大工程时，它们自身的特点使得设计与施工各自周期的划分已变得模糊不清。特别是由于施工周期的紧迫性，我们只得先出一部分急需施工的图纸，从而使整个工程项目处于边设计边施工的状态，以便进行即时开工。紧接着就要进行各个单体建筑小品的设计，这其中包括建筑、结构、水、电的各专业施工图设计。

另外，作为整个工程项目设计总负责人，往往同时承担着总体定位、竖向设计、道路广场、水体，以及绿化种植的施工图设计任务。他不但要按时，甚至要提早完成各项设计任务，而且要把很多时间、精力花费在开会、协调、组织、平衡等工作上。尤其是甲方与设计方之间、设计方与施工方之间、设计各专业之间的协调工作更不可避免。往往工程规模越大，工程影响力越深远，组织协调工作就越繁重。

从这方面看，作为项目设计负责人，不仅要掌握扎实的设计理论知识和丰富的实践经验，更要具有极强的工作责任心和优良的职业道德，这样才能更好地担当起这一重任。

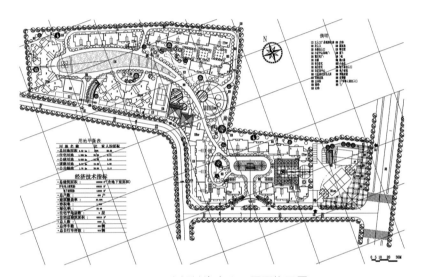

图1-20　成都某住宅小区平面施工图

(3) 施工图预算编制。

严格来讲，施工图预算编制并不算是设计步骤之一，但它与工程项目本身有着千丝万缕的联系，因而有必要简述一下。

施工图预算是以扩初设计中的概算为基础的。该预算涵盖了施工图中所有设计项目的工程费用。其中包括：土方地形工程总造价，建筑小品工程总造价，道路、广场工程总造价，绿化工程总造价，水、电安装工程总造价等。

根据设计项目，施工图预算与最终工程决算往往有较大出入。其中的原因各种各样，影响较大的是：施工过程中工程项目的增减，工程建设周期的调整，工程范围内地质情况的变化，材料选用的变化等。施工图预算编制属于造价工程师的工作，但项目负责人头脑中应该时刻有一个工程预算控制度，必要时及时与造价工程师联系、协商，尽量使施工预算能较准确反映整个工程项目的投资状况。

整个工程项目建成后良好的景观效果，是在一定资金保证下，优良设计与科学合理施工结合的体现。

(4) 施工图的交底。

业主拿到施工设计图纸后，会联系监理方、施工方对施工图进行看图和读图。看图属于总体上的把握，读图属于具体设计节点、详图的理解。然后由业主牵头，组织设计方、监理方、施工方举行施工图设计交底会。在交底会上，业主、监理、施工各方提出看图后所发现的各专业方面的问题，各专业设计人员将对口进行答疑，一般情况下，业主方的问题多涉及总体上的协调、衔接；监理方、施工方的问题常提及设计节点、大样的具体实施。双方侧重点不同。由于上述三方是有备而来，并且有些问题往往是施工中的关键节点。因而设计方在交底会前要充分准备，会上要尽量结合设计图纸当场答复，现场不能回答的，回去考虑后尽快做出答复。

(5) 设计师的施工配合。

设计的施工配合工作往往会被人们所忽略。其实，这一环节对设计师、对工程项目本身恰恰是相当重要的。设计出一个可行的景观优美、功能良好的园林景观方案是远远不够的。在工程建设过程中，设计人员的现场施工配合是必不可少的，而且一位优秀的园林景观设计师往往会通过确保规划方案能够以优质的施工和养护来作为其设计的后续。业主对工程项目质量的精益求精，对施工周期的一再缩短，都要求设计师在工程项目施工过程中，经常踏勘建设中的工地，解决施工现场暴露出来的设计问题、设计与施工相配合的问题。设计师经常会说，"三分设计，七分施工"。如何使"三分"的设计充分体现、融入 "七分"的施工中去，产生出"十分"的景观效果？这就是设计师施工配合所要达到的工作目的。其实，设计师的施工配合工作也随着社会的发展、与国际间合作设计项目的增加而上升到新的高度。配合时间更具弹性、配合形式更多样化。

1.4　园林景观基地调查分析与概念方案设计

1.4.1　基地调查分析

园林景观的设计活动并非开始于人们的绘图板上，最初的设计活动是从对整个基地环境的全面认识开始。基地现状调查包括收集与基地有关的技术资料和进行实地踏勘、测量两部分工作内容。有些技术资料可从有关部门查询得到，如基地所在地区的气象资料、基地地形及现状图、管线资料、城市规划资料等。对查询不到的但又是设计所必需的资料，可通过实地调查、勘测得到，如基地及环境的视觉质量(图1-21)、基地小气候条件等(图1-22)。如果现有资料精度不够或不完整或与现状有出入则应重新勘测或补测。

基地现状调查的内容有：

(1) 基地自然条件：地形、水体、土壤、植被；

(2) 气象资料：日照条件、温度、风、降雨、小气候；

(3) 人工设施：建筑及构筑物、道路和广场、各种管线；

(4) 视觉质量：基地现状景观、环境景观、视域；

(5) 基地范围及环境因素：物质环境、知觉环境、城市规划法规。

现状调查并不需要将所有的内容一个不漏地调查清楚，应根据基地的规模、内外环境和使用目的分清主次，主要的应深入详尽地调查，次要的可简要地了解。有些技术资料可到有关部门查询。

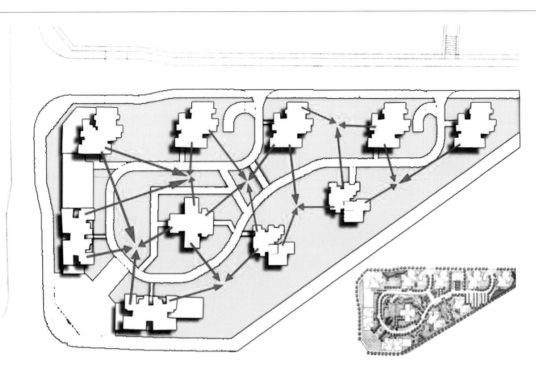

图1-21 缙逸香山小区景观规划视线分析图

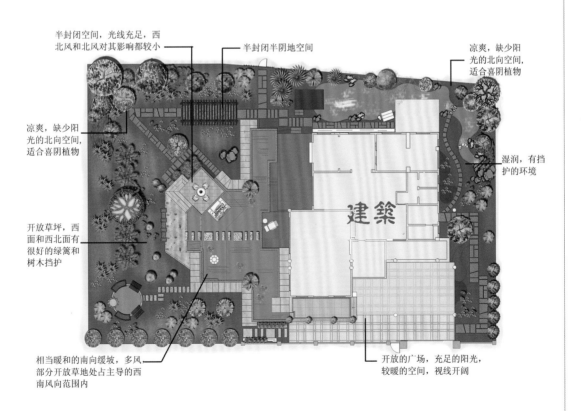

半封闭空间，光线充足，西北风和北风对其影响都较小

半封闭半阴地空间

凉爽，缺少阳光的北向空间，适合喜阴植物

凉爽，缺少阳光的北向空间，适合喜阴植物

湿润，有挡护的环境

建筑

开放草坪，西面和西北面有很好的绿篱和树木挡护

相当暖和的南向缓坡，多风部分开放草地处占主导的西南风向范围内

开放的广场，充足的阳光，较暖的空间，视线开阔

图1-22 别墅小气候条件分析图

　　基地的调查和测绘过程不应太匆忙，要有充足的时间，才可能做出一个精确的场地评估，为设计师提供充实的设计分析资料。设计分析是设计师在客观调查和主观评价的基础上，对基地及其环境的各种因素做出综合性的分项与评价，使基地的潜力得到充分开发。同时设计师因此开始形成设计思想，完成整体的设计理念。

　　设计师的设计也并非在于刻意创新，而是要更多地去发现，利用专业化的眼光进行设计师所特有的观察和判断，认识现场中原有的特性，发现积极的方面并加以引导。从现场调查的角度来看，可以说发现问题与认识事物的过程就是设计的过程，现场调查是园林景观设计程序的重要组成部分之一，基地的设计分析图包含了基地的详细资料，它依据不同的设计程序和设计意图，记录下现有的用地情况，所有资料应尽量用图面或图解并配以适当文字说明的方式表示，并做到简明扼要。这样资料才直观、具体、醒目，给设计带来方便。例如现有地形的标高；现有场地的主要平面材质分布，包括植被分布；现有场地的进出口情况；现有场地的车行道、步行道分布，人流组织情况；现有场地的建筑布局情况；基地用地范围；等等。另外，在要放缩的图纸中最好标出线状比例尺图，用地范围最好用双点画线表示。分析图不要只限于表示基地范围之内的内容，最好也表示出一定范围的周围环境(图1-23)。通常还要拍摄一些现场照片，有助于设计时回忆场地和建筑物特征，可节省时间和防止不必要的重复实地踏勘，这些照片还可以作为园林景观建成前后的对比。

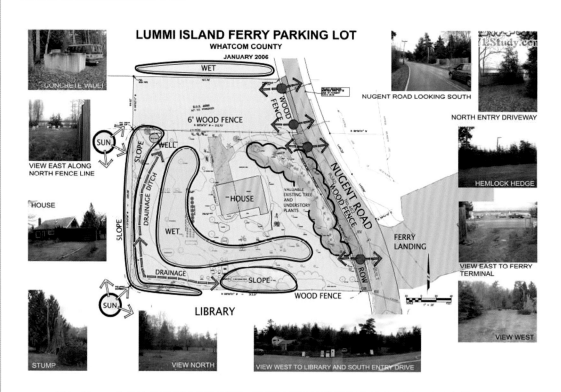

图1-23　一个快速的现场绘制的图解，供设计师设计使用图中的测量结果和相关信息记录

　　当基地调查和分析完成后，绘制的综合性的用地分析图则是对整个设计过程的一个总结性的图纸。园林景观设计师应在充分了解设计需求的基础上，对设计的各种可能性和约束条件进行总结与分析，并善于利用场地中有价值的因素解决出现的问题。在设计

过程的这个特殊阶段，设计的直觉和创造力逐渐凸显出来——它们开始从这些客观的基础数据中寻找设计的灵感(图1-24)。对于一个优秀的园林景观设计作品来说，当最初看上去时，就如根本没有经过人为设计的一样，它一定是对现场景观环境资源的充分发掘并进行合理的利用成果。因此，在进行园林景设计的现场调查时，必须做到资料求准、内容求细、范围求广。现场基地的调查和分析这一过程尤为重要，它是设计初期乃至后期都十分重要的客观依据。

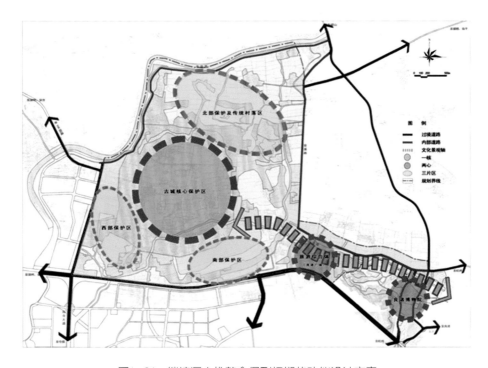

图1-24 继续深入推敲会得到初期的功能设计方案

1.4.2 园林景观概念方案设计

前面对场地分析的理解和思考，使我们得到一些概念上的成果。在这里，我们要将在设计分析过程中收集的所有信息分类整理，着手进行园区功能划分，形成一个可行性的概念方案。在设计过程的最初阶段，在经过对环境现状的分析和调查阶段的资料汇总后，可能仅仅停留在它们的功能上，而后，由于环境和美学因素的引入，园林景观中的各区域才会被认为是由具体的地面围合的"户外空间"组成，这样，每个区域的边界也会更为明确。在这个阶段，区域的划分就好比在制作拼图。即按照分析标准确定各分区的大致尺寸和形状，反复调整，以找出最合理的位置，并归纳出解决矛盾的办法以及可行性方案，建立设计目标和相应的设计理念，这种设计目标和设计理念的确立，能够反映出一名设计师对需求的把握和对景观环境意义的理解深度。

(1) 功能关系。

每个园林用地都有其特定的使用目的和基地条件，使用目的决定了用地所包括的内容。这些内容有各自的特点和不同的要求，因此，需要结合基地条件合理地进行安排和布置，一方面为具有特定要求的内容安排相适应的基地位置；另一方面为某种基地布置恰当内容，尽可能地减少矛盾、避免冲突。确定场地功能的内容是规划的第一步，理清场地功能内在的秩序，加强对内容性质的理解。1933年国际现代建筑学所拟定的"城市计划大纲"中将城市活动归结为居住、工作、游憩与交通四大活动。因此场地的地块性质和用途按照人的城市活动主要分为居住用地、工业用地、公用设施用地、城市绿地四种类型，这些类型体现着城市规划对场地设计的制约。在城市总规划图上就会看到这四种类型的地块的具体分布。所以，园林用地的性质不同，所组成内容也不同，有的内容简单、功能单一(图1-25)；有的内容多、功能关系复杂(图1-26)。接着要搞清各项内容之间的关系，因为合理的功能关系能保证各种不同性质的活动、内容的完整性和整体秩序性。

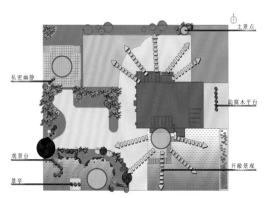

图1-25　某别墅花园景观平面图

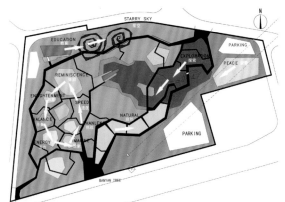

图1-26　某综合性公园功能分区图

根据使用功能之间性质差异的大小可将其间的关系分为兼容的、需要分割的、不相容的三种形式。另外，整个园林的内容之间常会有一些内在的、逻辑的关系，例如动与静，内部与外部等。如果按照这种逻辑关系安排不同性质的内容就能保证整体的秩序性而又不破坏其各自的完整性。如图1-27所示为常见的平面结构关系。

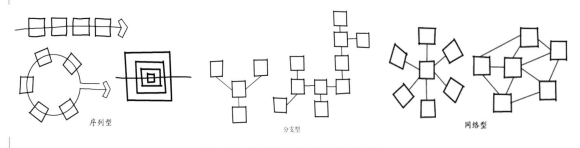

序列型　　　　　　　　　　　　　　分支型　　　　　　　　　网络型

图1-27　常见的几种平面构图关系

(2) 图解法。

要把所有这些单元集中在有限的空间内常常是极具挑战性的。尤其是当内容多，功能关系复杂时，这里提供的方法将有助于设计师确定空间的范围，借助于图解法进行分析(泡泡图，一些大致与所需的各个功能要素大小和形状类似的图形)。图解法能帮助快速记录构思、解决平面内容的位置、大小、属性、关系和序列等问题，是园林景观设计中一种十分有用的方法。在图解法中常用区块表示各使用功能区；用线表示其功能分区之间的关系；用点来修饰各功能区块之间的关系(图1-28)。设计师需要绘制几种不同组合方式的泡泡图，以确定可利用空间的最佳方案。设计师在区与区之间绘出线条，以检验道路系统的合理性。不常用的道路用细线或虚线标出，而那些较常用的则使用粗线标出。画这些路线可以使设计师明确行人是怎样从一个区向另一个区移动的。用图解法作构思图时，图形不必拘泥，可随意一点，即使性质和大小不同的使用区也宜用圆、矩形等没有太大差别的图形表示，不应一开始就考虑使用区的平面形状和大小。

   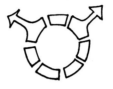 

焦点区、特别引人注意的点、冲突区　　　　活动或运行的点　　　　生态的界限：森林区、悬岸区

活动区域、使用分区、机能空间　　　　建筑物及结构体　　　　噪声区

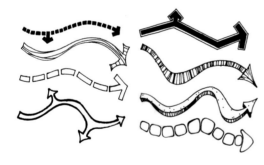 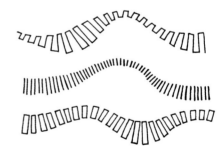

路径方向、视线方向等　　　　　　　功能的界限：边界、围幕、墙

图1-28　图解法中常用的图解符号

明确了各项内容之间的关系及其强弱程度之后就可以进行用地规划、布置平面的工作。在规划用地时应抓住主要内容，根据它们的重要程度依次解决，其顺序可以用图1-29所示的方法确定，图中的点代表需解决的问题，箭头表示其属性。在布置平面时，可先从理想的分区出发，然后结合具体的条件定出分区；也可以从使用区着手，找出其中的逻辑关系，综合考虑后定出功能分区图。在设计的过程中，以图解的方式，对场地条件进行充分的表现和分析，能够帮助设计师和业主对场地现状有较好的把握。它们是进行方案设计和详细规划设计的基础资料和设计依据。

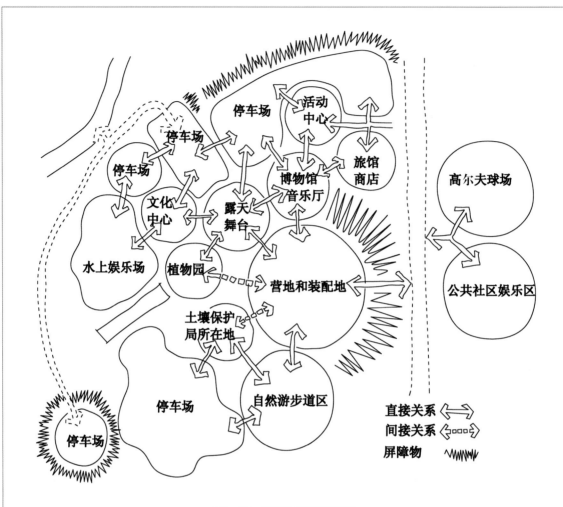

图1-29 图解法的常用过程

设计师经验分享

开始为一位顾客工作时，先在一个文件夹上标上顾客的姓名、地址、电话号码和最初面谈的有关信息。同时将现场测量结果记在这个文件夹的外侧，还有第一次和顾客见面所收集到的信息。如果可能，还会向顾客索要平面规划图，连同现场照片，一份造价预算的复印件，一份付款信息的复印件，一同放入文件中，这将成为一份有关设计师与顾客接触活动的完整记录。

设计的施工配合工作往往会被人们所忽略。其实，这一环节对设计师、对工程项目本身恰恰是相当重要的。业主对工程项目质量的精益求精，对施工周期的一再缩短，都要求设计师在工程项目施工过程中，经常踏勘建设中的工地，解决施工现场暴露出来的设计问题、设计与施工相配合的问题。如有些重大工程项目，整个建设周期就已经相当紧迫，业主普遍采用"边设计边施工"的方法。针对这种工程，设计师更要勤下工地，结合现场客观地形、地质、地表情况，做出最合理、最迅捷的设计。

教学实例

项目名称：某城市广场景观案例研究分析

下面结合某城市广场规划设计的例子详细说明场地调查与分析、功能关系图解、方案构思的方法及过程。

1. 基地现状

(1) 项目建设条件：规划设计中的项目位于江苏省长江以南地区某地级市。项目位于城市主干道附近，某中心小学和消防站以西，规划总面积大约为50000m²。

该区位于东经119°31′~120°36′，北纬31°7′~32°00′，属亚热带季风海洋性气候，温和湿润，四季分明，年平均气温15.5℃，雨量充沛，年平均降雨量为1000mm，全年无霜期为230天左右，年平均日照实数为2000小时左右，主导风向为西南风。

该市是一个有着千年历史的文化古城。有着诸如水文化、茶文化、吴文化、耕作文化、蚕文化等丰富的文化因素。城市定位为滨海城市，有着如太湖、京杭大运河、古运河道等丰富的水资源。正由于这种独特的历史社会文化特征，形成了吴地吴人千百年来物质文明、精神文明持久不衰的繁荣昌盛，而且也使它具有较其他地方文化更强的开放性、吸收性与融汇性的特点。

(2) 场地现状：场地现状为一片荒地，地势平坦，呈双三角形，其中北部的三角区域较大，近中心为一片水塘，小学围墙处有高压线穿空而过，南部三角形地块相对面积较小，北面与某中学正对，东南侧为消防站，东面是农贸市场，城市主干道西面为沪宁高速公路，有防护林带相隔(图1-30)。

2. 任务书

任务书是甲方根据城市总体规划及相关法律和法规提出的。该案例中甲方提出设计一个健康、积极、有效、安全、充满生机与乐趣的城市广场，成为该区域市民活动休憩之地，兼中小学生户外科教场所，内容包括休闲、娱乐、教育、体育锻炼等。

3. 场地分析

通过对场地的调查，已经掌握场地的基本资料，接下来应该对整个场地的条件、周边环境和场地内发生活动加以分析。作出能反映基地潜力和限制的相关分析。

(1) 场地分析(图1-31)。

①场地为双三角形，连接两三角形为一狭长过渡空间。

②原有水质良好、清澈，应该保留为主，改造为辅。

③有保留价值的树、水边的杂草适当保留。

④场地内仅一荒废农舍，据甲方要求拆除。

(2) 周边环境分析(图1-32)。

①主干道有噪声及灰尘干扰，需要有一定的绿色屏障。

②场地盛行西南风，需留取风道，屏障阻挡西北风。

(3) 场地内发生活动分析(图1-33)。

必要性活动：通行。

选择性活动：参观、游赏、休憩、学习、锻炼。

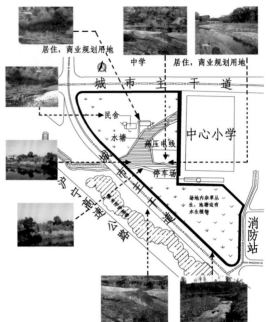

图1-30	
图1-31	图1-32
图1-33	图1-34

图1-30　场地现状图

图1-31　场地分析

图1-32　周边环境分析

图1-33　场地内发生活动分析

图1-34　功能关系图解

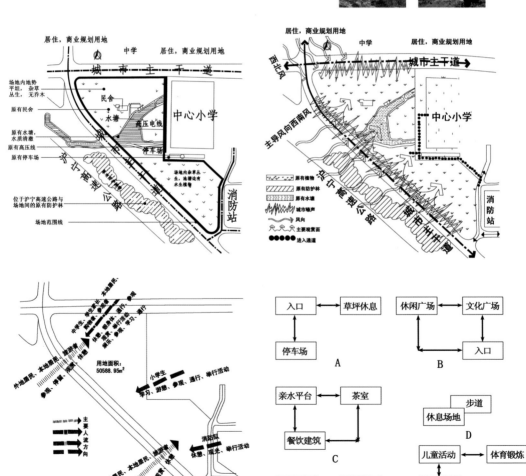

社交性活动：聚会、群体活动。

4. 功能关系图解

根据甲方的要求及场地的现状调查分析，广场设置六大功能分区，即草坪休闲区、文化广场区、生态娱乐区、水趣过渡区、游园区和体育锻炼区。其中

A——草坪休闲区，包括草坪休息空间、入口及停车场；

B——文化广场区，包括休闲广场及文化广场；

C——生态娱乐区，包括亲水平台、水岸、餐饮建筑及茶室；

D——水趣过渡区，包括步道及休息空间；

E——游园区，包括老人活动、各类型休息空间；

F——体育锻炼区，包括儿童活动、体育锻炼。

根据各分区的内容可以得出各功能关系图解(图1-34)。

5. 进行功能布局的多方案比较

场地的功能布局没有唯一的标准，只有把各种可能的布局方式表达出来，并找出不同布局的优缺点，进行综合评价，才能找出最合理的功能关系。本案列出两种功能关系图，并将关系合理的标以"＋"，不合理的标以"－"(图1-35、图1-36)，功能关系图解只是一种抽象的图示方法，注重相互间的理想关系，而不涉及平面的大小、位置。通过对两种功能关系分析和评价，得出后一个功能关系最合理，最后根据业主的需求做出最佳方案(图1-37)。

6. 最终方案的形成

在基地分析、功能关系分析和评价后，可以为特定的内容安排相应的场地位置，在特定的基地条件上布置相应的内容。然后进一步深化，确定平面形状、各使用区的位置和大小，做出场地规划设计总平面图(图1-38)。

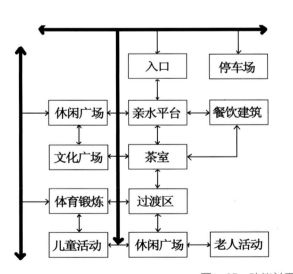

＋ 入口布置在道路附近很方便

＋ 文化广场、休闲广场布置与两个主入口相连

＋ 休闲广场与水景区相连

－ 体育锻炼、儿童活动与文化广场区没有过渡区

－ 儿童活动区与老人活动区分开

图1-35 功能关系分析及评价(一)

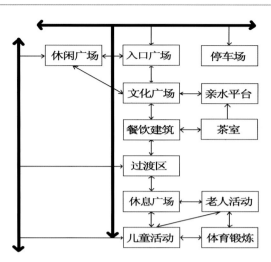

+ 入口布置在道路附近很方便

+ 文化广场、休闲广场布置与两个主入口相连

+ 休闲广场与水景区相连

+ 老人活动、儿童活动与相对热闹的文化广场分开

+ 儿童活动与老人活动区相连

图1-36 功能关系分析及评价(二)

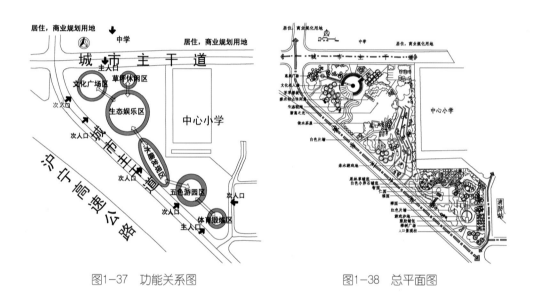

图1-37 功能关系图   图1-38 总平面图

课后练习

1.依据本次课程项目设计任务书(校园景观设计)，做准备阶段的设计内容，收集校园景观资料，查阅相关同类项目景观资料。实地考察校园场地环境，对于场地现状要完全客观地收集和记录场地的资料和信息。

2.了解校园的场地现状及周边环境情况的基础上，对场地进行分析，用图解法的方式规划出校园的基本功能分区图。可以用铅笔绘制于图纸上，并适当加以文字注释；也可以用拍照、计算机辅助绘图、文字注解等方法综合表达。

项目二　地形改造工程

教学能力目标：

1. 通过学习，了解地形改造工程的作用。
2. 掌握完成相应的竖向设计图的绘制与设计。
3. 通过学习，读懂地形图。
4. 了解地形改造工程的施工流程。

项目介绍

园林景观工程中的地形改造工程涉及堆山、挖湖、筑路、植树、修桥等工程，其项目工期长，工程量大，投资大且艺术要求高。地形改造工程的施工质量直接影响到工程的顺利进行及景观质量、施工成本和将来的日常维护管理等。

项目分析

在园林景观设计中，原有的地形往往不能完全符合设计的要求，故园林景观设计应充分利用原有地形进行适当的改造，以达到设计的效果。在确定分区或区内交通组合方式的过程中，设计师必须首先考虑场地地形地势。在一块非常平坦的地方，地形地势或许不是确定分区的关键，但如果是坡地，那它可能就是区域划分的决定性因素了(图2-1)。当地形在区域划分中必须作为一个因素考虑时，就要做一个地形调查，并把调查结果绘制成图，以供设计时参考。

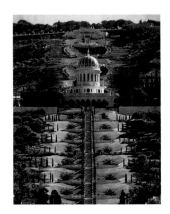

图2-1　园林景观地形营造，有时一个区域地形决定了该区园林景观的组成形式

项目相关知识

2.1　地形改造工程的作用

园林景观地形是人性化风景的艺术概括。不同的地形、地貌反映出不同的景观特征，它影响着园林景观的布局和风格。有了良好的地形地貌，才有可能产生良好的景观效果。因此，园林景观地形是组成园林景观空间的最基本要素，是其他要素的载体，像

绘画中的纸、剧场里的舞台、电影的屏幕，有了它，我们才能在上边进行艺术创作。在进行园林景观地形营造中，会遇到各种各样的地形，有的平坦，有的起伏，有的是丘陵，有的是沼泽，无论是栽植苗木、堆筑土山、挖湖，还是铺路、建房等都需要利用地形或营造地形。只有合理地利用和改造地形，才能创造出符合各种功能要求的优美园林景观。其具体作用如下：

(1) 为新建园林完成造园的基础骨架。

合理安排全园林山、水的位置和相应的高程，更好地表现园林的主题和主景，将全园的功能划分和地形艺术的特点有机地结合、统一起来。例如中国的自然山水园是利用起伏多变的山水地形进行空间构建和建筑布局(图2-2)；法国的勒·诺特式园林是在平坦的地形上营造规模宏大、水平轴线深远的视景园(图2-3)；英国的自然风景园则是以开阔的草地、河湖作为景观的载体(图2-4)；东南亚地区利用其宜人的气候、迷人的滨海景观及热带观赏植物资源，营造高档旅游热带园林(图2-5)；意大利的台地式园林是在丘陵的斜坡上，依山就势地建造层层平台(图2-6)；日本是个岛国，日本园林的精彩之处在于用极少的构成要素达到极大的意韵效果(图2-7)。

图2-2　中国自然式山水园林　　　　　图2-3　法国勒·诺特式园林

图2-4　英国自然风景园林　　　　　图2-5　东南亚热带园林景观

图2-6　意大利台地式园林　　　　图2-7　日本本土的枯山水缩微式园林景观

(2) 有效地划分和组织园林空间。

综合性的园林具有规模大、容量大、观赏、游览、活动设施多等特点，这就要求不同的功能空间需要一种分割与隔离，而利用地形来完成这一使命，具有自然、灵活又不露人工的痕迹。但要隔而不断、露而不透，开辟适当的透景线把主要的园林空间区域有效地组织起来。利用地形的起伏变化形成鲜明的区域划分，从而为园林景观营造各类场地和空间(图2-8)。

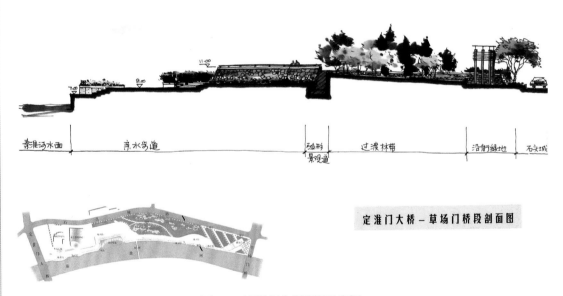

图2-8　地形划分组织场地空间

(3) 为园林植物(或动物) 营造良好的生长(生活) 环境。

对于一些生长环境要求比较高或当地的边缘植物(或动物) 来说，地形所构成的小气候环境，能够使其得到良好的生长(生活) 条件。因此，在设计方案中，应利用因借、整理等手段营造地形，创造有利于植物(或动物) 生长(生活) 和建筑存在的条件(图2-9)。

图2-9 地形为植物（或动物）提供优良环境

（4）为园林建筑提供良好的基质，能够组织地面水的排除和满足其他功能的需要。

园林建筑需要一个良好的基质，这是毋庸置疑的。原有的土质如果不符合建筑的需要，在地形营造时，就要进行必要的替换，使其完全满足需要。同时可以利用地形的改变来形成自然的排水通路，或形成适当面积的蓄水面(图2-10)，从而为园林景观设计提供更多的用途和可能性。

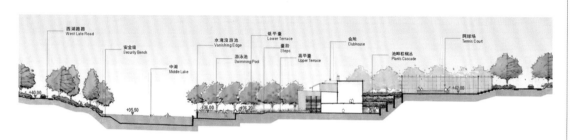

图2-10 地形的起伏能解决工程排水问题

（5）造景与背景作用。

地形具有独特的美学特征，例如坡地(图2-11)、山地以及平地(图2-12)、湖面都有着易于识别的特点，在现代园林景观设计中地形被设计师进行艺术加工，从而形成独特的具有震撼力的景观。

图2-11 坡地地形水景

图2-12 平地地形水景

2.2 地形图

    基地地形图是最基本的地形资料，在此基础上结合实地调查可进一步地掌握现有地形的起伏与分布、整个基地的坡级分布及地形的自然排水类型，这些是基地"有形"的、可见的主要因素，是基地形态的基本特征。地形直接影响和约束着设计，因此，在接触园林景观设计的最初阶段，首先必须考虑的是对原地形的利用。结合基地调查和分析的结果，合理安排各种坡度要求的内容，使之与基地地形条件相吻合。园林景观设计的另一个任务就是进行地形改造，使改造后的基地地形条件满足造景的需要，满足各种活动和使用的需要，并形成良好的地表自然排水类型，避免过大的地表径流。若原地形中有过陡或大量地表侵蚀现象发生的地段也应进行改造。地形改造应与园林总体布局同时进行，对地形在整体环境中所起的作用、最终所达到的效果应心中有数。地形改造都是有的放矢的，并且地形的微小改造并不意味着不如大幅度改造重要。

    等高线是最常用的地形的平面表示法，所谓等高线，就是绘制在平面图上的线条，它将所有高于或低于水平面，具有相等海拔高度的各点连接成线，有时人们又将它称为基准点或水准标点。从理论上讲，如果用玻璃的水平面将其剖开，等高线应该显示出一种地形的轮廓(图2-13)。等高线仅是一种象征地形的假想线，在实际中是不存在的。用等高线表示地貌，可以反映地表面积、地面坡度和体积等，从而可以充分满足地图上表示地貌的要求，所以它被国际上公认是当今最好的地貌表示法。

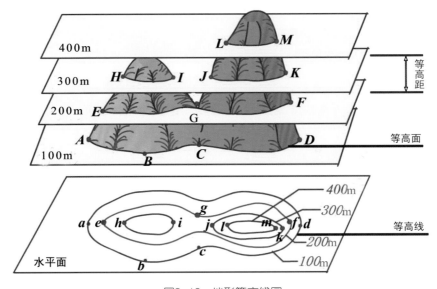

图2-13　地形等高线图

2.3 竖向设计

2.3.1 竖向设计的概念

    竖向设计就是园林景观绿地中地形、建筑物的高程设计。

准备建园的地形上，应该因地制宜，统筹安排，对原有地形进行适当改造，使造园用地与四周环境之间、用地内部各组成因素之间，在平面线型和高程上有密切的联系，空间组合及过渡自然生动。这就是竖向设计的目的。

2.3.2　竖向设计的任务

(1) 对原有地形自然景观进行分析，提出利用、改造方案。

(2) 研究原有地形的变化对排水、交通、建筑和植物的影响。

(3) 与平面设计相配合，创造更好的立面景观。

2.3.3　竖向设计方法

建设场地不可能全都处在设想的地势地段。地形直接影响和约束着设计，因此，在接触园林景观设计的最初阶段，首先必须考虑的是对原地形的利用，在场地设计过程中必须进行场地的竖向设计。结合基地调查和分析的结果，将场地地形进行竖直方向的调整，充分利用和合理改造自然地形，合理选择设计标高，地形改造后的基地地形条件既要满足造景的需要，也要满足各种活动和使用的需要，并形成良好的地表自然排水类型，避免过大的地表径流。做好场地的竖向设计，对于降低工程成本、加快建设进度具有重要的意义。下面就介绍两种地形的竖向设计方法：

(1) 坡度设计。

地表的排水由坡面决定，在地形设计中应考虑地形与排水的关系，地形和排水对坡面稳定性的影响。地形过于平坦不利于排水，容易积涝，破坏土壤的稳定，对植物的生长、建筑和道路的基础都不利。因此在竖向设计里要设计一定的坡度，这样可以避免视觉效果单调。但是，若地形起伏过大或坡度不大但同一坡度的坡面延伸过长时，则会引起地表径流、产生坡面滑坡。因此，地形起伏应适度，坡长应适中。地面硬质铺装一般坡度较小，大约在0.3%～1%(图2-14)；草地的坡度可设计得大一些，一般在1%～3%较理想，这样可加快排水速度，适合安排多种类活动和内容(图2-15)；在山坡和山林之间的平地当中，可按照坡率的渐变方法进行设计，从30%、15%、10%、3%直至快到水面形成缓坡逐渐进入水中(图2-16)。

确定需要处理和改造的坡面，需在踏勘和分析原地形的基础上作出地形坡级、地形排水类型图，根据设计要求决定所采用的措施。当地形过陡、空间局促时可设挡土墙(图2-17)；较陡的地形可在坡顶设排水沟，在坡面上种植树木、覆盖地被物(图2-18)，布置一些有一定埋深的石块，若在地形谷线上，石块应交错排列等。在设计中如能将这些措施和造景结合起来考虑就更佳了。例如，在有景可赏的地方可利用坡面设置坐憩、观望的台阶(图2-19)；将坡面平整后可做成主题或图案的模纹花坛或树篱坛，以获得较佳的视角；也可利用挡墙做成落水或水墙等水景(图2-20)，挡墙的墙面应充分利用起来，精细设计与设计主题有关的叙事浮雕、图案(图2-21)，或从视觉角度入手，利用墙面的质感、色彩和光影效果，丰富景观。

图2-14	图2-15	图2-16
图2-17	图2-18	
图2-19	图2-20	

图2-14　硬质铺装地面

图2-15　草坪地面

图2-16　缓坡面

图2-17　建筑周围设置挡土墙

图2-18　坡面上种植草坪

图2-19　坡面设置成台阶

图2-20　水墙

图2-21　挡土墙的肌理视觉效果

(2) 高程设计。

园林景观的高程变化是最生动、最引人注目的视线变化。例如在较低的高程点上，人们有一种安全的感觉；当在较高的高程点上时，整体景观尽收眼底，会使人感到一种优越感和支配感。下面介绍几种高程设计的设计方法：

①上升与下降：通过对地形起伏高低的改造，给人以视线上升或下降的视觉导向(图2-22) 。

图2-22　美国德克萨斯州商务广场，利用十五英尺的高差设计出了跌落式的水景和一系列多样化的步行空间

②筑山：利用不同的软、硬材料，通过一系列工程艺术，模拟实体堆成的土山和石山，在地形设计中统称为筑山(图2-23) 。

图2-23　筑山工程艺术

③理水：各类园林景观中的水景处理，如瀑布、湖水(图2-24至图2-26)。理水是地形竖向设计的主要内容之一，水体设计应选择低或靠近水源的地方。

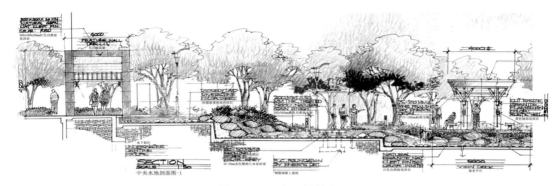

图2-24 理水工程艺术

图2-25 城市跌水景观

图2-26 城市公园人工湖

2.4 土方调整设计与施工

2.4.1 土方调整设计

园林景观工程建设过程中，土方工程调整是第一步，例如场地平整、山水地形营造、挖沟埋管、开槽铺路。仔细研究某一区域的地形图就会发现这一区域详尽的地貌特征。从而使设计师能够按照开发目的重新布局土地形式。这种地形改造总是通过土方调整来完成。土方调整是一个过程，它可以使土地在外部形貌上被塑造成某一特定的形式。通过合理的土方调整设计，充分利用原有地形进行适当改造，统筹安排场地内各个景物、各种设施及地貌等，从而创造高低变化和协调统一的布局，使地上设施和地下设施之间、园内和园外之间有合理的关系。例如设计师能使场地具有合理的地表排水；能够创造建筑用地；草地空间或其他用途平整用地；还能提供用于步行和机动车辆道路系统的用地(图2-27)。

现存的坡度

设计的坡度

图2-27 进行土方调整设计的目的是创造适度的平坦区域，提供排水以及合理的道路系统与景观

土方调整包括各种程度的土方搬运。它可能是很少量的，只需铲和耙子即可完成，但也可能需要大型机器介入才能实现。但原则总是一样的，所有的土方搬运都必须按照土方调整规划实施，而土方调整规划则是按照该区地形图提供的信息完成的。总之，好的土方调整设计还应该在满足设计意图的前提下，尽量少地运用土方工程量，从而节约建设成本投入(图2-28)。

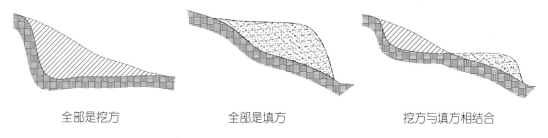

全部是挖方　　　　　　　　全部是填方　　　　　　　　挖方与填方相结合

图2-28 土方调整设计结合地形的几种情况，设计师必须选择三种土方调整中的一种

2.4.2 土方工程施工

由园林景观竖向设计所安排的地形要成为现实的地形，就必然要依靠土方施工才能实现。下面简单了解土方工程施工的方法及步骤，更能直接用于设计实践、设计进程。

(1) 施工计划。

在土方工程施工开始前，首先要对照园林景观总平面图、竖向设计图，在施工现场一面踏勘，一面核实自然地形现状。了解施工中可能遇到的困难和障碍、施工的有利因素和现状地形能够继续利用等多方面的情况，尽可能掌握全面的现状资料，以便为施工奠定基础。

(2) 清理场地。

这项工作包括清理、清除残渣、去除表土、去除和处理规定范围内的所有草木和石砾，除非有些物品是指定保留在原地上的或是按照规范的要求不清除的。这项工作还包括保护所有指定留下的草木和物质不受损害和毁坏(图2-29)。

(3) 排水。

场地积水不仅不便于施工，而且也影响工程质量。在施工前应设法将施工场地范围内的积水或过高地下水排走(图2-29)。

(4) 定点放线。

在清场之后，为了确定施工范围及挖土或填土的标高，应按设计图纸的要求，用测量仪器在施工现场进行定点放线工作，这一步工作很重要，为使施工充分表达设计意图，测量时尽量精确(图2-30)。

(5) 土方施工。

土方工程施工一般包括挖掘、运输、填筑、压实四部分内容。施工方法可采用人力施工，也可采用机械化或半机械化施工，这要根据场地条件、工程量和当地施工条件决定(图2-31)。

图2-29　设计人员现场踏勘，土方工程清理场地与排水

图2-30 土方工程测量与放线

图2-31 土方工程人工与机械施工

设计师经验分享

　　如果绘制好了一个场地的等高线图后，仍然觉得完成等高线的规划图有些困难，可以使用一层卡纸或薄泡沫板代表每一条等高线，试着去做一个手工模型，也可以使用电脑建模。便能较真实准确地在你打算挖方或填方的地方剪切模型，插入挡土墙、步行道等，估计需要填方与挖方的数量。有时，三维的模型会使问题变得更清晰。

　　地形改造设计的原则和方法：利用、保护为主，改造、修整为辅；因地制宜，适当采用人为工程措施；就地取材，保护自然植被群落；融建筑于自然景色和地形之中。

教学实例

项目名称："安全地带"主题公园

项目背景：

"安全地带"主题公园位于加拿大魁北克省第七届国际园林展的公园内，建于2006年6月，总面积约为316m²。根据此次盛大公园日简单的主题，这项工程所选的场地为矩形，而现有的环境状况约是一半树林，一半空地。

设计说明：

此公园采用了现已不常用的安全产品(现浇橡胶、安全瓷砖)，改变或增加了其应用。建立了一个依据规程与规定的地形，建造的这个三维公园环境(丘陵与低谷)要求具有保护性的措施和材料来防止人们摔倒。从某种意义上来说，其鼓励人们来玩和试验，出于游客的好奇心和独创性，发挥公园根本的使用价值。"安全地带"是一个颠覆传统的现代化的愉悦公园，是对经典公园模式的全新诠释：有趣，有触感，有视觉效果，迷人，带点不确定性，惊险，甚至是危险。

公园有意图的设计对于个人或团体的好奇心和试验一下的心理——人们摆脱了成见和自我意识，共同或个别的，开始了他们的未知之旅，至少是不熟悉的旅程。因此，公园是开放性的，依据其建设理念与目的，波浪状的地形如同液体般流动，有利于探险和试验。公园的完美绘图质量使其产生了强烈的视觉效果，从而渲染了它独特的自然风光和技术质量。重要的是，公园建立了一种新的审美观，可以说公园是完全的人造品，80%的材料来自运动鞋底、破旧带子和丢弃的瓷砖的再循环和回收。而且地表是有渗透性的，能让水分渗透表面灌溉树木，促进水循环。

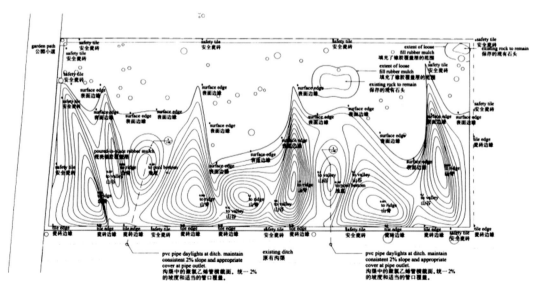

图2-32　公园平面地形图

图2-33　公园整体空间立面图

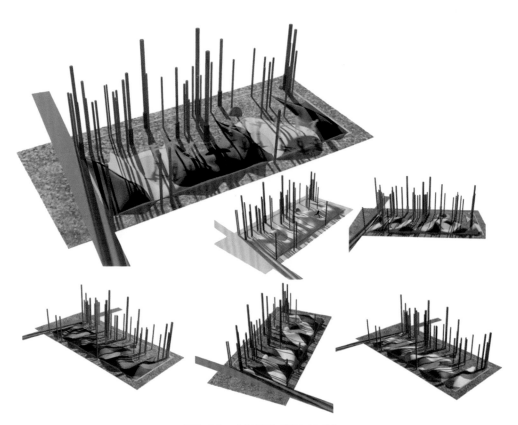

图2-34　公园整体空间布局图

图2-35 孩子们在公园里嬉戏玩耍

图2-36 波浪状的地形如同液体般流动

课后练习

依据本次课程项目设计任务书(校园景观设计),做地形改造工程设计内容。通过对地形高低的改造,利用不同的软、硬材料,通过一系列工程艺术,以学校的性质、规模和设计任务书为依据,营造人性化的场所。绘制出校园景观总体设计平面图、剖面图。

项目三 水景工程

教学能力目标：

1. 掌握园林景观水景的基本原理。
2. 了解园林景观水景工程相应的设计规范。
3. 掌握园林景观水景的施工流程与施工图设计流程。
4. 了解园林景观水景的结构构造。

项目介绍

　　水景工程主要指园林景观工程与水景相关的工程总称，涉及的内容有水体的类型，各种水景的布置，如水池、喷泉、驳岸、护坡等。近年来，环境景观越来越注重水体的营造。水景的应用技术近年来发展很快，许多技术已大量应用于实践中，水景已逐渐形成相对独立的园林景观工程分支。了解根据方案设计文件及扩充设计文件,结合工程实际情况进行水景施工图绘制及具体水景项目施工的相关知识，是每一个环艺设计专业学生所必备的素质。

项目分析

　　水体是园林景观设计的难点，但也常常是点睛之笔。同时也是园林景观设计中变化较多的要素之一，它能形成不同的形状和态势，如自然的湖面、规则的水池、静态的湖泊、动态的瀑布喷泉等。东西方的园林景观都将水作为不可缺少的内容，东方园林水景崇尚自然的情境，西方园林水景崇尚规整华丽，各具意趣。

项目相关知识

3.1　静水和动水

　　在环境水体设计中主要分为静水和动水，动静二者结合处理，共同组合成人们所需的水环境。动者如涌射的喷泉、飞流的瀑布、湍流的溪涧，或气势磅礴，或生动有趣；静者如波光粼粼的湖水、幽潭静地，或平静明快，或深远迷离。下面结合大量精美的实例图片介绍不同形式的园林景观水景及其设计要点。

3.1.1　静水

　　园林景观中的静水主要指湖、池等水体(图3－1至图3－4)。也是设计师最为常用的组景手段，是以不同深浅、大小和形状的水池组成的平静水面。它们最主要的特点就是聚集成片，平静安宁，并能反映天光云影和周围景物形成倒影。小面积的静水一般采用几何图形设置，可以是方形、圆形、椭圆形或多个几何图形组合在一起，也可采用不规则图形。大面积的静水设计应丰富，切忌空而无物，可通过增加踏步、浮萍、浮桥等；也可通过在水中植莲、养鱼等；或在池底绘制鲜艳的装饰图案等手法来表现(图3－5至图3－8)。

图3－1　杭州西湖的宽阔水域，倒映出苏堤上的植物、亭阁

图3－1｜图3－2　　图3－2　德国纽伦堡干净无污染，是人与水共存的最高原则

图3-3　美国华盛顿特区日裔纪念碑，水池中突出的石头象征日本岛屿以及代代日裔美人，可以发出各种水声

图3-4　美国达拉斯美术馆外的雕塑公园，静态的水景将雕塑作为一个端景，使雕塑有了倒影的效果

图3-5　美国达拉斯美术馆外的雕塑公园，静态的水景将雕塑作为一个端景，使雕塑有了倒影的效果

图3-3	图3-4
图3-5	图3-6
图3-7	图3-8

图3-6　印尼巴厘岛乌布，长满水生植物的水池衬托美丽的女神雕塑，更显神秘

图3-7　荷兰鹿特丹，足球漂浮在宁静的水池中，形成具有特色的水景

图3-8　西班牙巴塞罗那，灯塔、阶梯与植物景观配上水的倒影

3.1.2 动水

动水往往表现为喷泉、瀑布与跌水。

(1) 喷泉。

喷泉主要是用动力泵驱动水流,利用喷射的速度、方向、水花等变化创造出不同的丰富的水形,来满足不同场所的需求,再结合雕塑、灯光等元素组合而成的一种动态水景景观。它不仅造型优美、景观价值突出,而且由于喷水具有净化空气、增加空气中的负离子浓度等生态效益,能起到促进人身心健康的作用,因而在城市环境、园林绿地中得到广泛的应用(图3-9至图3-12)。

图3-9	图3-10
图3-11	图3-12

图3-9 希腊,结合美人鱼雕塑的现代造型喷泉

图3-10 日本,以现代雕塑结合喷泉水景的公共开放空间

图3-11 澳大利亚悉尼海德公园,与雕塑结合的古典水景展现公园的特色与历史

图3-12 琉球,东南植物园喷泉

(2) 瀑布与跌水。

瀑布与跌水是由一定的水位落差所构成的落水,主要利用地形高差和砌石形成。一

般而言，瀑布是自然形态的落水景观，多与假山、溪流等结合；而跌水是规则形态的落水景观，多与建筑、景墙等结合。二者都表现了水的跌落之美。瀑布之美是原始的、自然的，富有野趣，它更适合于自然山水园林；跌水则更具形式之美和工艺之美，其规则整齐的形态，比较适合于简洁明快的现代园林和城市环境(图3-13至图3-16)。

图3-13　园林景观中的人工瀑布

图3-14　日本淡路岛安藤忠雄所设计的淡路梦舞台，利用整个清水壁面所做成的水景为炎炎夏日带来清凉，水池底下铺以当地所产的贝壳非常有特色

图3-15　美国德州路易斯康的著名作品，配合户外水景，水池溢流，黑色石材的池底与建筑物相辉映

图3-16　美国德州水苑，此景为奔腾池，透过下凹10m深度，水如万马奔腾而来

3.2　园林景观水景装饰

园林景观水景中，驳岸、桥、汀步、雕塑石灯笼、置石以及小品来装饰水体，相互映衬，可使空间层次丰富、景色自然。

3.2.1　驳岸

驳岸具有防护堤岸、防洪泄洪的作用，驳岸的处理能够直接影响到水景的面貌，由于人们易于接近，其自身的形式和材质往往成为景观的重要组成部分。驳岸分为自然式和规整式两类，自然式驳岸有草坡、自然山石和假山石驳岸(图3-17至图3-19)；规整式驳岸有石砌和混凝土驳岸(图3-20至图3-22)。

图3-17　草坡驳岸

图3-18　散置山石驳岸

图3-19　假山驳岸

图3-20　石砌驳岸

图3-21　混凝土驳岸

图3-22　混凝土木质驳岸

3.2.2　桥和汀步

　　二者是园林景观水景中必不可少的组景要素。它不仅是路在水中的延伸，还具有联系景点、引导游览路线增加水景空间层次的作用，又是道路交通的组成部分。桥的形式和材质多种多样，有拱桥、曲桥、廊桥、吊桥、木桥、石桥、竹桥、索桥等(图3－23至图3－30)，因此常常成为风景构成的点睛之笔。有些桥还具有游乐功能，如桥趣园中独木桥和滚筒桥等。汀步是在较浅的静水区、浅滩、浅溪用天然石头，也可用混凝土仿制莲叶状设置的一种"桥"，并表现出一定的韵律变化，具有自然、生机、活泼之感(图3－31)。

图3－23　拱桥

图3－24　曲桥

图3－25　廊桥

图3－26　吊桥

图3－27　木桥

图3－28　石桥

图3-29 竹桥

图3-30 索桥

图3-31 汀步设计

3.2.3 水景雕塑

水体中设置雕塑，如昆明翠湖公园蓬池的"荷花仙女"，南京莫愁湖的"莫愁女"(图3-32)，以及一些小池设置的水牛、青蛙、鲤鱼等(图3-33、图3-34)，与其周围环境协调，可发挥点景、衬景的作用。水体中堆筑山石、设石灯笼(图3-35)以及池岸边小品，也是一种观赏性强的水体装饰(图3-36、图3-37)。

图3-32 南京莫愁湖之"莫愁女"，其造型与环境相协调，不仅装点水体，且艺术效果良好

图3-33 水牛漂游，造型完美，乡村情调，纯朴自然

图3-34　青岛奥林匹克雕塑文化园，水中雕塑，花样游泳

图3-35　水中石灯笼

图3-36　云南丽江黑龙潭于池中央设一角亭，尤如轻舟荡漾，漂浮池上

图3-37　昆明大观楼湖面上的"三潭印月"，游船穿梭其间，乐趣无穷

3.3　水景园建造方式

各种不同的水景营造可以使用各种不同的材料，其中最简单的方法是预先订制的模体，但也可以根据规划凿土挖池，并用衬垫或钢筋混凝土层来构筑。各种材料都各有优势与不足：衬垫的安装、设置极为方便，且适用于各种设计，但它也是所有材料中最不耐用的；虽然模体是最耐用的材料之一，但是就它们的外形自然度而言，却又是最不适用的；至于钢筋混凝土，虽然它们经久耐用，但却很难顺利安置。

3.3.1　预制模体

预制模体结实、持久耐用，它们给水池营造方式提供了一种相对快捷却不简单的途径，它们适用于各种各样的曲线和几何形状(图3-38、图3-39)。但设计越详尽装配也就越难，重点在于每个部分是否统一，分离的各部分要装配在一起。有了预制模体，修建水池变得简单方便，其优势在于所有的配件都预先成型，架子也按照适当的深度规格修好，其本身防水，无需做防水处理。但是预制模体的明显缺点就是它们是固定的、僵化的形状。一般会受制于它的商业性的形状，几乎没有一个可以完全匹配我们的设计。注意，如果想设置叠水的话，就不能使用预制模体。

图3-38　应用预制模体制作小水池的施工过程

图3-39　应用预制模体制作小水池的最后完成效果

3.3.2　衬垫

衬垫给园林景观水景设计与施工带来极大的适用性，设置极为方便，所以建造者更愿意选择衬垫，从而创造出理想的造型，且适用于各种设计，可以创作各种复杂的园林水景。目前，水池衬垫防水材料种类较多(图3-40)，包括聚乙烯材料、PVC板材、合成橡胶等都很适用。其中聚乙烯最为便宜，但较贵的橡胶或PVC板材也经久耐用物有所值。水池工程中，好的衬垫防水层是保持水池质量的关键，一般水池用普通防水材料即可。

图3-40　园林景观水景工程中应用防水卷材的防渗施工处理

3.3.3　混凝土

混凝土在水景造型过程中经常使用，如建造水池外壳时可作为地基(图3-41)，建拱桥或码头做支柱的水下部分，也可以用于支撑水池边缘的铺面(图3-42)。

图3-41　水池底混凝土材质施工应用

图3-42　水池岸的混凝土材质施工应用

3.4　水景园施工

3.4.1　静态水景施工

园林景观中的静水主要指湖、池等水体。下面以水池施工流程为例，了解静水施工的基本常识。

(1) 根据设计图纸进行放线(图3-43)。

(2) 挖水池土方(图3-44)。

(3) 做水池基础(图3-45)。

(4) 做池底、池壁、进水口、溢水口和泄水口等，施工时要注意预留收缩缝(图3-46)。

(5) 做防水层或刷防水涂料(图3-47)。

(6) 压顶(图3-48)。

图3-43　用木方打桩定点来标出轮廓线

图3-44　挖水池土方

图3-45　工人铺装水池基础

图3-46　池底施工

图3-47　防水层施工

图3-48　压顶

3.4.2　动态水景施工

　　流动的水体，如小溪、瀑布、喷泉、跌水等具有水的活力和动感。下面以小溪施工流程为例，了解动态水施工基本常识。

　　（1）设计定位。首先选好合适的地方，然后准确地在实地画出水池的位置大小，保持水池设计为大范围的圆弧和曲线，而不是角度线，以使安装时衬垫的折叠和褶皱达到最小化(图3-49)。

(2) 放线标记。首先确定水景的位置，然后用钉子或木方标出轮廓。接下来在选定的地方标出设计的适当形状 (图3-49)。

(3) 挖掘。可以是手工挖掘，也可以是挖掘机挖掘。池体必须水平并与外形准确相符，但要比完工后的水池的长、宽、深都大出2.5cm(图3-50)。

(4) 安装。将衬垫在阳光下晒0.5h来增进它的弹性。将衬垫在池中交叠展开，确保它位于中心，从中间开始，用手轻轻将聚乙烯衬垫展开以便适合池体的形状，在拐角处留出足够的"弹力"以免注水后拉力过大而被拉裂。在池边沿周围用大石头固定垫层。用软管向池中注水，注满后衬垫就被沿水池形状拉紧，逐渐抬起石头时放松衬垫(图3-51)。

(5) 水景制作完成(图3-52)。

图3-49 设计定位与放线

图3-50 挖掘

图3-51　安装

图3-52　溪流制作完成

设计师经验分享

为了便于管理水体，一个水景园每天应该接受日晒4～6个小时。过长的日照会使水体温度过高，而太少的日照又会影响水生植物的光合作用。

光合作用会释放氧气，而氧气是鱼类等水生生物生存的关键。鱼类像植物一样，也是池塘管理的基础。在呼吸过程中，它们呼出二氧化碳，而二氧化碳又是水生植物进行光合作用的原材料，而鱼类的排泄物则含有供植物生长的原材料。保持鱼的数量与植物的数量和种类的平衡，对于控制藻类生长是至关重要的，一旦失衡，水体就会变质。

教学实例

项目名称：美国德克萨斯州达拉斯喷泉广场

建筑设计单位：贝聿铭及合伙人事务所

广场景观设计：丹·凯利

项目背景：

该广场位于美国达拉斯市中心，占地约6公顷，环绕着艾利德银行塔楼，以出色的城市环境设计造就了城市中最具有魅力的公共空间(图3-53至图3-61)。广场属于道路围合型从属建筑广场，为市民提供休闲环境和生态花园景观。

景观设计说明：

广场总面积约70%被水面覆盖，广阔的水面上是数以百计的树木和喷泉。广场的中央是一组由计算机控制的有160个喷嘴的音乐喷泉，可以自动调节喷泉高度，喷嘴停止喷水时，行人便可自由穿越。440株柏树像列队的士兵整齐地排列在路旁或水中，柏树之间有序地排列着263个泡状喷泉，水也随地形呈阶梯式布置，水池间形成了层层叠叠的瀑布。步行道由豆绿色板铺成，部分与水面平齐，步入其间，如同浮在水面。夜晚来临，喷泉和树木被精心组织的灯光映照，景象壮观。人们在喷泉广场，仿佛置身于极富创意的自然山水间，浓厚的人工色彩被自然的元素所消化，城市的嘈杂被音乐和流水所代替。作为一个极好的休息、散步环境，它结合了对自然的感知与想象，是城市中杰出的休闲空间。

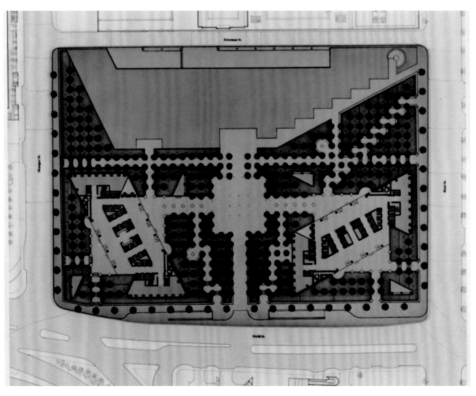

图3-53 喷泉广场平面图

图3-54	图3-55
图3-56	图3-57
图3-58	图3-59

图3-54　溢水口的处理使溢出的水能成"飘绢"状

图3-55　镜面般的地平面倒影着树冠的绿色，使空间充满光影感

图3-56　细腻的树冠形成疏朗的廊道空间

图3-57　与道路高度一致的水面，使人仿佛行走在水面上

图3-58　联系上下的动线由于水流的方向得以加强

图3-59　树与喷泉形成的矩阵

图3-60　紧密排列的喷泉阵能通过电脑控制形成多　图3-61　水景结合灯光处理，使"飘绢"的感觉
种造型，集中的元素堆积使这里成为环境中的焦点　更为强烈

课后练习

　　1.收集相关水景景观资料，包括国内外各种图片信息及文字资料，并依据功能性方法，人们所需的水环境要求，对收集的资料进行深入分析，针对某一类型的水景景观小品进行拓展和深化设计。

　　2.依据本次课程项目设计任务书(校园景观设计)，设计动态水景景观，充分利用周围环境背景下的空间特色，建造校园水景工程，并绘制水景工程图纸。

项目四 园路工程

教学能力目标：
1. 了解园路工程项目的作用。
2. 了解园路工程铺装设计形式与方法。
3. 掌握园路工程施工的工艺流程及施工构造。
4. 掌握指导园路工程项目的施工原理。

项目介绍

园路是园林景观设计与工程建设的基本组成要素之一，是园林景观的骨架与网络系统，包括道路、广场、游憩场地等一切硬质铺装。人们通过园路可以深入绿地，到达景点，增强人们和绿地的亲和感，又可划分景区隔离景点。科学合理的园路设计是做好园路建设的重要依据。

项目分析

园林景观布局要从园林景观的使用功能出发，根据地形、地貌、风景点等分布和园务活动的需要综合考虑，统一规划。园路须因地制宜，主次分明，有明确的方向性。

项目相关知识

4.1 园路工程设计基本认知

4.1.1 园路的功能

(1) 组织空间，引导游览。

园路可以组织景观空间序列的展开，还起到分景的作用。同时可以引导人们到达各个景点、景区，从而形成游赏路线(图4-1)。

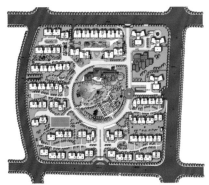

图4-1 某小区景观设计平面图与实景照片

(2) 组织交通。

园路具有与城市道路相连、集散疏通园区内人流与车流的作用(图4-2)。

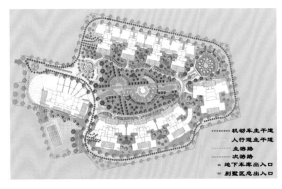

图4-2 某居住区景观设计交通路线分析图

(3) 参与造景。

通过园路的指导，将不同角度、不同方向的地形地貌、植物群落等园林景观展现在人们眼前，形成一系列动态画面，此时园路也参与了风景的构图，即因景设路；园路本身的曲线、质感、色彩、纹样、尺度等与周围的山、水、建筑、花草、树木等景观协调统一，都是园林中不可多得的风景要素(图4-3)。

图4-3　某城市公园景观设计局部分析图

4.1.2　园路的分类

从不同方面考虑，园路有不同的分类形式，根据功能分类如下。

(1) 主路。

主路是从场地入口通向全园各景区中心、主要广场、主要建筑、主要景点及管理区的道路，其形成全园骨架和环路，主干道最常用。主路一般宽度为4~6 m，因为它们经常使用，而且是在各种天气情况下，要被各种各样的鞋踩踏，所以应有一个硬实、安全且容易清扫的表面，以满足较大的人流及少量管理用车的要求(图4-4)。

图4-4　主要园路

(2) 次路。

次路为主路的辅助道路，分散在园中各分区以内，连接各区内景点与建筑。宽度一般只需2~4m，同时也能通行小型服务车辆。事实上，如果它们的宽度很小，它们在整个景观中并不突出。虽然按着次路的使用频率，它也需要硬质地表，但它比主干路更灵活。它可以是分离的汀步石，也可以是混凝土现浇的大小不同的石块(图4-5)。

图4-5　次路

(3) 游憩小径。

游憩小径主要供居民散步休息之用，通常既作为通道，也作为装饰，也有引导游人深入园中各角落的作用。因此，游憩小径经常是汀步石、木墩或设计的其他碎料，线型自然流畅，路面一般宽度在1.5~2m(图4-6)。

图4-6　游憩小径

4.2　园路铺装设计

在园路景观设计中，铺地即是地面的铺装，用各种材料对地面进行铺砌装饰，它的范围包括园路、街道、踏步、广场、活动场地等。园路是人们行走和活动的重要场所，也是人与人、人与景、景与景活动和连接的通道，具有导向作用。

4.2.1　园路铺装要求与作用

园路路面根据场地的使用性质和功能要求，路面铺装材料要具有耐磨损、防滑、防尘、易于排水、便于管理和方便维修等优点，还要与地形、植物、山石相配合。在铺装时通过不同的材料质感、不同的图案装饰和色彩变化，来实现预期的实用功能和独特的视觉效果，以适应整个环境要求。

地面铺装在景观环境中具有重要的地位和作用：首先，避免下雨天地面泥泞难行，可使地面在高频度、大负荷使用之下不易损坏；其次，为人们提供一个良好的休息、活动场地，并创造出优美的地面景观，如表面材料可以有许多色彩和质地的选择，并且许多色彩和质地都是其他地面覆盖物所不具备的；再次，具有分隔空间和组织空间的作用，并将各个绿地空间连成一个整体，同时还有组织交通和引导游览的作用；最后，它是不需要像一般有生命的材料一样进行浇水、施肥或其他养护，因此养护要求不高。对于一定的覆盖面积，很多材料的造就都是很合理的，尤其考虑到在一段时间内所需的低廉的养护费。地面铺装作为景观空间的一个界面，它和建筑、水体、绿化一样，是景观艺术创造的重要要素之一。

4.2.2 园路铺装类型

地面的铺装，可根据不同的功能与需要来选择适宜的材料，同时还应注重与整体景观环境的协调关系。园路的铺装需要综合考虑各项因素，其形式多种多样，下面介绍8常用的铺装形式。

(1) 整体路面。

它是用水泥混凝土或沥青混凝土、彩色沥青混凝土铺成的路面。它平整度好，路面耐磨、养护简单、便于清扫，多用于主干道(图4-7)。

图4-7 整体路面铺装

(2) 块料路面。

以大方砖、块石和制成各种花纹图案的预制水泥混凝土砖等筑成的路面。这种路面简朴、大方、防滑、装饰性好。如木纹板路、拉条水泥板路、假卵石路等(图4-8)。

图4-8 块料路面铺装

(3) 花街铺地。

以规整的砖为主，并结合不规则的石板、卵石、碎瓷片、碎瓦片等废料，从而组成色彩丰富、图案精美的各种地纹，如人字纹、席纹、冰裂纹等(图4-9)。

图4-9　花街铺地

(4) 卵石路面。

采用卵石铺成的路面耐磨性强、防滑，具有活泼、轻快、开朗等风格特点(图4-10)。

图4-10　卵石路面

(5) 嵌草路面。

把天然或各种形式的预制混凝土块铺成冰裂纹或其他花纹，铺筑时在块料间留3cm～5cm的缝隙，缝隙中填入培养土，然后种上植物。如冰裂纹嵌草路、花岗岩石板嵌草路、木纹混凝土嵌草路、梅花形混凝土嵌草路(图4-11)。

图4-11　嵌草路面

(6) 雕砖卵石路面。

雕砖卵石路面又被誉为"石子画"，它是选用精雕的砖、细磨的瓦或预制混凝土以及经过严格挑选的各色卵石拼凑成的路面，图案内容丰富，是我国园林艺术的杰作之一(图4-12)。

图4-12　雕砖卵石路面

(7) 步石。

在绿地上放置一块至数块天然石或预制成圆形、树桩形、木纹板形等铺块，一般步石的数量不宜过多，块体不宜太小，两块相邻块体的中心距离应考虑人的跨越能力的不等距而随之变化。步石易与自然环境协调，从而取得轻松活泼的景观效果(图4-13)。

图4-13　步石

(8) 蹬道。

它是局部利用天然山石、露岩等凿出的或用水泥混凝土仿木树桩、假石等塑成的上山的蹬道(图4-14)。

图4-14　蹬道

4.3　园路施工

　　园路的施工是园林景观工程总体施工的一个重要组成部分，园路工程的重点在于控制好施工的工程，并注意与园林景观其他设施在工程上相协调。施工中，园路路基和路面基层的处理只要达到设计要求牢固和稳定性即可，而路面面层的施工，则要求更加精细，更加强调对质量的要求。

　　园林铺装工程的好坏直接关系到整个园林工程的效果。为此，我们要加强施工力量、加强施工质量监督，严格按照施工规范实施，具体如下：

　　(1) 施工准备。

　　①材料准备。

　　园路铺装工程中，铺装材料准备工作较大，为此在确定方案时应根据道路铺装的实际尺寸进行图上放样，确定方案中边角的方案调节问题及与园路交接处的过渡方案，然后再确定各种石材的数量及边角料规格和数量。因为在实际施工中，往往会遇到上述问题。

　　②场地放样。

　　先按照设计图所绘的施工坐标方格网，将所有坐标点测设到场地上并打桩定点。然后以坐标桩点为准，根据设计图，在场地地面上放出场地的边线、主要地面设施的范围线、挖方区和填方区之间的零点线(图4-15)。

图4-15　道路打桩定点放线

(2) 场地平整与找坡。

①挖方与填方施工。

填方区的堆填顺序应当先深后浅、先分层填实深处，后填浅处，每填一层就夯实一层。直到设计的标高处。

②场地的平整与找坡要求。

挖方与填方工程基本完成后，对挖、填出的新地面进行整理。要铲平地面，地面平整度变化限制在0.05m内。根据各坐标桩标明的该点填、挖高度数据和设计的坡度数据，对场地进行找坡，保证场地内各处地面都基本达到设计的坡度(图4-16)。

图4-16　场地的平整与找坡

(3) 地面施工。

①基层施工。

首先可用人工摊铺碎石，再用压路机碾压，这个阶段一般需碾压3~4遍，再将粗砂或灰土均匀撒在碎石上，继续用压路机碾压，一般碾压4~6遍，切忌碾压过多，以免石料过于破碎。最后铺撒嵌缝料，碾压至表面平整稳定无明显轮迹为止(图4-17)。

图4-17　基层施工

②稳定层施工。

在道路整体边线处放置挡板，并在挡板上画好标高线。按设计的材料比例配制、浇筑、捣实混凝土，并用直尺将顶面刮平，再用抹灰砂板至设计标高。施工中要注意做出路面的横坡和纵坡。混凝土层施工完成后，应及时开始养护，养护期为7天以上，冬季施工后养护期还应更长一点(图4-18)。

图4-18　稳定层施工

③面层施工。

在完成的路面基层上，重新定点、放线，根据设计标高、路面宽度定好边线、中线。设置整体现浇路面边线处的施工挡板，确定砌块路面列数及拼装方式，然后面层材料运入施工现场。根据设计要求对不同材料进行面层施工，常见的铺装材料形式在前面也已经提过主要有整体路面施工、块料路面施工、碎料路面施工以及嵌草路面的铺砌等(图4-19)。

图4-19　面层施工

④道牙施工。

　　道牙基础宜与路床同时填挖碾压,以保证密度均匀,具有整体性。道牙间缝隙为1cm,用水泥砂浆勾缝。道牙背后路肩用自然土夯实(图4-20)。

图4-20　道牙施工

4.4　庭院道路施工

(1) 庭院石板道路铺装施工流程(图4-21),具体如下:

①根据设计图纸进行放线。

②挖道路土方。

③制作道路基础。

④铺装石板。

图4-21　庭院石板道路铺装施工

图4-21　庭院石板道路铺装施工（续）

(2) 庭院细石道路铺装施工流程(图4-22)，具体如下：

①根据设计要求用木方制作路牙框架。

②填混凝土。

③铺装红砖。

④路面铺装细砂并且压实。

⑤铺装细石与石板。

图4-22　庭院细石道路铺装施工

图4-22 庭院细石道路铺装施工（续）

(3) 应用预制模体铺装庭院步石道路(图4-23) 。

图4-23 预制模体铺装步石道路施工过程

设计师经验分享

在设计步道时，设计者应该牢记交通是其主要目的。如果步道不能使人们从一个位置通向另一个位置，不能充分满足交通的基本功能，那么其设计就是失败的。虽然不一定要用直线连接两点，但也不能明显偏离人们的目的地。

可去建筑材料市场考察，了解常用铺地材料的名称、质感、色彩和用途。多留意现有的室外环境中的铺地施工材料及过程，并做记录。

教学实例

项目名称：郑州市"正兴街——东西大街"规划设计

基地环境分析：

正兴街——平地双向各两车道；中央隧道处中间部分双向共三车道(一向单车道，另一向两车道)，两侧各有隔离的两车道与一自行车道。地下隧道，环境质量差，景观杂乱。

东西大街——双向各三车道。零星种植了小树，缺乏整体绿化规划。

正兴街——东西大街在社会功能上均以商业为主(图4-24)。

设计说明：

正兴街——东西大街，未来规划为41m宽道路，近期规划中设置一个1m宽中央隔离带，每车道为3.5m，内侧车道为4m，以行驶公共汽车，并且设置公共汽车停靠处，有局部加宽车道的处理(总车道宽5.5m)，以减少公共汽车停靠时对其他行进车辆的影响。隔离带的设置，一方面便于行人穿越马路，另一方面也为中期或长期规划的公共汽车专用道和轻轨交通所需的地面争取空间(图4-25至图4-28)。

此外，由于此区段处于商业繁华路段，应设有较宽广的人行道，但道路本身并不十分宽敞，在未来保持至少双向两车道加上专用道式的公共交通情况下，并无法设有自行车车道，因此我们建议将在东西大街路段内的自行车转移到南北侧的平行道路上，并在与东西大街相交的垂直道路上设置自行车停车场，以方便骑自行车的人们接近此商业街，停车后步行购物。这类不允许行驶自行车的做法在中国许多大城市的商业繁荣街区皆已存在，其效果良好。

地面铺装设计：

地面材料有花岗岩方砖、花岗岩石块、石灰岩方砖、彩色水泥砖四种，这些材料的合理组合和应用能够节约一定的成本(图4-29)。

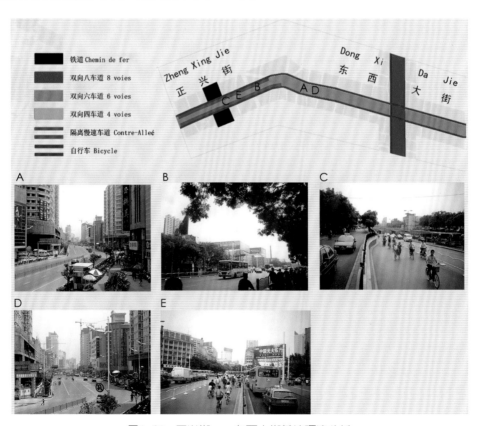

图4-24　正兴街——东西大街基地环境分析

70

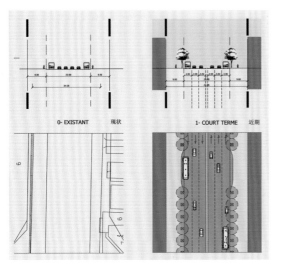
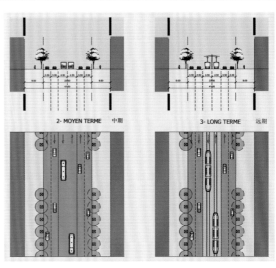

图4-25　正兴街——东西大街现状与近期道路交通图　　图4-26　正兴街——东西大街中期与长期道路交通图

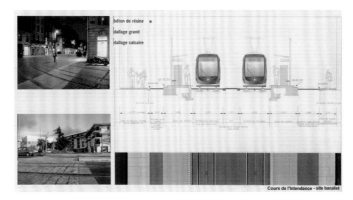

图4-27　正兴街——东西大街道路交通分析图

图4-28　正兴街——东西大街道路交通效果图

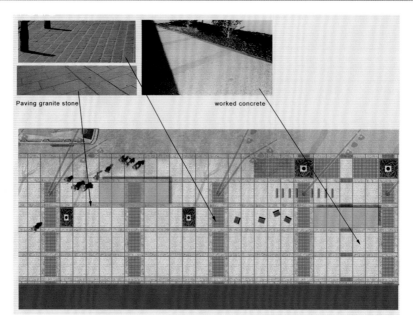

图4-29 正兴街——东西大街道路铺装设计

课后练习

1.了解常用铺地材料的名称、质感、色彩和用法，可去建筑材料市场考察。

2.多留意现有的室外环境中的铺地，并做记录。

3.依据本次课程项目设计任务书(校园景观设计)，制作道路交通布局图纸、道路铺装设计图纸。

项目五 绿化工程

教学能力目标：

1. 了解绿化工程项目的作用。
2. 了解基本的绿化工程施工流程。
3. 掌握园林景观绿化工程的设计方法。

项目介绍

绿化工程造景是一门非常实用的艺术，即应用乔木、灌木、藤木及草本植物。通过园林、园艺、美学等知识，充分发挥植物本身的形体、线条、色彩等自然美，创造出艺术性、实用性价值较高的景观设计。植物造景是世界园林发展的趋势，在植物造景中观赏植物是其中最基本的要素之一。

项目分析

根据绿化方案设计图纸与设计文件，了解园林景观绿化工程施工图纸设计及施工流程，完成园林景观工程设计中部分施工图的绘制，并达到园林景观绿化施工图设计的要求标准，指导或完成园林景观绿化施工。

项目相关知识

5.1 园林绿化植物在园林景观中的作用

植物是园林景观营造的主要素材，园林绿化能否达到实用、经济、美观的效果，很大限度上取决于对园林植物的选择和配置。园林植物种类繁多，形态各异。植物搭配不仅能起到丰富空间层次、柔化空间界面、遮挡不佳景物、调节温度等作用，而且植物材料还有许多感官特性，如可以看到它们不同的形状、质地和色彩。能够通过触摸，感觉到它的质地；能够闻到它们的香味；甚至能够品尝到其果实的味道。同时，园林植物作为活体材料，在生长过程中呈现出鲜明的季节性特色和兴盛、衰亡的自然规律。如此丰富多彩的植物材料为营造园林景观提供了广阔的天地，对植物造景功能的整体把握和对各类植物功能的领会是营造植物景观的基础和前提。园林植物在园林景观营造中作用有以下几个方面：

(1) 利用园林植物表现时序景观。

园林植物随着季节的变化表现出不同的特征，春季繁花似锦，夏季绿树成荫，秋季硕果累累，冬季枝干萧条。这种盛衰荣枯的生命节律，为我们创造园林四季演变的时序景观提供了条件(图5-1) 。

图5-1　同一种植物即使在同一地点也会随着四季的变化表现出不同的景观色彩

(2) 利用园林植物形成空间变化。

植物与建筑、山水一样，具有构造空间、分隔空间、引起空间变化的功能。造园中运用植物组合划分空间形成不同的景区和景点，这些往往是根据空间的大小，植物的种类、形态及配置方式来组织空间景观(图5-2至图5-5) 。

图5-2　大乔木形成的覆盖空间　　　　图5-3　地被植物形成的开敞空间

图5-4　大灌木、小灌木形成的半开敞空间　　　图5-5　大乔木、小灌木形成封闭垂直面，敞顶平面的垂直空间

（3）利用园林植物创造观赏景点。

园林植物作为营造园林景观的主要材料，本身具有独特的姿态、色彩(图5-6、图5-7)。

图5-6　颇具造型的老树在夏威夷政府门前广场所形成的自然景观　　　图5-7　以修剪整形后的树木为主的庭院

（4）利用园林植物形成地域景观特色。

植物生态习性的不同及各地气候条件的差异，致使植物的分布呈现地域性。根据环境气候等条件选择适合生长的植物种类，营造具有地方特色的景观(图5-8、图5-9)。各地在漫长的植物栽培和应用观赏中形成了具有地方特色的植物景观，并与当地的文化融为一体，甚至有些植物材料逐渐演化为一个国家或地区的象征。

图5-8　东南亚热带植物景观　　　　　　　图5-9　日本樱花景观

(5) 利用园林植物进行意境的创作。

利用园林植物进行意境创作是中国传统园林的典型造景风格和宝贵的文化遗产（图5-10）。

图5-10　中国苏州留园植物景观

(6) 利用植物能够起到烘托建筑、雕塑的作用。

植物的枝叶呈现柔和的曲线。不同植物的质地、色彩在视觉感受上各有差异（图5-11）。

图5-11　植物的柔化与统一作用

5.2 树木

合理挑选树木，配植得当，能够成为赏心悦目的景色。不同的树种有不同的形态和特性，它们的树形、树皮、树干、树叶、果实、色彩、纹理等能给人美的享受，而它们随季节的变化会给人带来大自然魅力无穷的感受：春天万物纷纷发芽吐绿、生机盎然，夏天它们枝繁叶茂、郁郁葱葱，秋季它们或金黄或红艳、硕果累累，冬季大部分植物都会凋零、变得肃穆或庄严，会更易让人感受到阳光的温暖。

5.2.1 树木的种类

(1) 乔木。

乔木是营造植物景观的重要材料，它们主干高大明显、生长年限长、枝叶繁茂、绿量大、具有很好的遮阴效果，在植物造景中占有重要的地位，并在改善小气候和环境方面作用显著(图5-12)。常用的乔木有银杏、雪松、水杉、垂柳、香樟、梧桐、榕树、黄槐等。

图5-12 景观中的高大乔木

(2) 灌木。

灌木是矮丛植物，易于修剪成各种形状，园林景观中的灌木通常处于中间层，起着乔木与地被植物之间的连接和过渡作用。在造景方面，它们既可作为乔木的陪衬，增加树木景观的层次变化，也可作为主要观赏对象，突出表现灌木的观花、观果和观叶效果。灌木平均高度基本与人的平视高度一致，极易形成视觉焦点，加上其艺术造型的可塑性极强，因此在园林景观营造中具有极其重要的作用(图5-13)。常用的灌木有黄杨、含笑、冬青、夹竹桃等。

图5-13　景观中灌木起着乔木与地被植物之间的过渡作用

(3) 藤木。

藤木须依靠其他物体延伸生长或匍匐地面生长的植物，可利用棚、架、墙等构件形成绿化造型。其最大的优点是能经济地利用土地，并能在较短时间内创造大面积的绿化效果，从而解决因绿地狭小而不能种植乔木、灌木的环境绿化问题(图5-14)。常见的藤木植物有紫藤、金银花、牵牛花、何首乌、葡萄、常春藤、爬山虎等。

图5-14　爬满花架和墙上的藤木植物，既能显示植物之美，也起到造景作用

5.2.2　园林景观植物配置的类型

(1) 孤植。

孤植的树木，称之为孤植树。孤植树作为园林景观空间的主景，常用于大片草坪上、花坛中心、小庭院的一角与山石相互成景之处。一般选择观赏性较强的树种，如广玉兰、榕树、白皮松、银杏、雪松等均为孤植树中的代表树种(图5-15、图5-16)。

图5-15 建筑物前健壮茂盛的大树，隐喻着校园的历史及气质

图5-16 单植树木的林荫可在夏天形成天然遮棚

(2) 对植。

对植是指两株树按照一定的轴线关系做相互对应，呈均衡状态的种植方式，主要用于强调公园、建筑、道路、广场的入口，同时结合蔽荫、休息，在空间构图上是作为配景用的(图5-17、图5-18)。

图5-17 两旁高耸的梧桐树与行人形成鲜明的对比

图5-18 耀红的行道树，成了道路最亮眼的视觉焦点

(3) 丛植。

丛植通常是由2~9株乔木构成的，树丛中加入灌木时，数量可以更多。它们按不同间距成丛配植，一般都是混植，高低和前后左右错落有致，形成多层次景观。树丛配置的形式分两株配合、三株配合、四株配合、五株配合、六株以上配合等许多种类。丛植是园林景观中普遍应用的方式，可用作主景或配景，也可作为背景或隔离措施(图5-19、图5-20)。

图5-19　公园中修剪过的植栽界定出动线，柏树自然造型产生安静环境中的自然律动

图5-20　落羽松是姿态端正、质感细致的优良景观树种，且四季变化分明，秋季时金黄斑斓

（4）篱植。

由同一种树木(多为灌木)近距离密集列植成篱状的树木景观，常用做空间分隔、屏障或植物图案造景的表现手法。篱植按植物种类及其观赏特性可分为树篱、彩叶篱、花篱、果篱、枝篱、竹篱、刺篱、编篱等，根据园景主题和环境条件精心选择筹划，会取得不俗的植物配置效果(图5-21、图5-22)。

图5-21　在传统的欧洲皇宫即贵族庭院内，常见修剪工整造型华丽的精致庭园

图5-22　高耸的树篱塑造出一条通道

5.2.3 乔灌木种植施工

乔灌木种植是形成良好的生态效益的重要环节。乔灌木种植工程的特点是在充分了解植物个体的生态习性和栽培习性的前提下，根据规划设计意图。按照施工的程序和具体实施要求，进行操作，才能保证较高的成活率(图5-23)。

(1) 种植前的准备工作。

进行绿化施工的第一个工序是做好施工前的苗木选定，根据施工图纸和设计说明了解绿化的目的、施工完成后所要达到的景观效果，根据工程投资及设计预算，选择合适的苗木和施工人员，以及取苗地到栽植地的道路运输情况和运苗方法。同时施工现场的准备工作，如清理建筑垃圾，栽植地的土质应基本与取苗地土质一致。

(2) 定点放线。

在现场测出苗木栽植位置和株行距，一般在栽植施工前完成该项工作，但也可随放随挖。

(3) 掘苗。

根据各种乔灌木的生态习性和生长状态，掘苗应注意移植的时间；掘苗的质量标准，选择生长健壮、根系发达的树苗；掘苗前2~3天适当灌水湿润；掘苗的方法可以是裸根或带土球两种方式，依据树苗的种类而定。

(4) 苗木运输。

在乔灌木种植过程中，苗木的装车、运苗、卸车的精心操作，对保护植物具有十分重要的作用。

(5) 挖种植穴。

栽植穴的大小应根据苗木的规格大小而定，一般应略大于苗木的土球或根群的直径。

(6) 栽植。

栽植位置应按设计进行。树木的高矮、干径大小要搭配合理，排列整齐，符合自然要求。

(7) 栽植后的养护管理。

栽植较大的落叶乔木或常绿树木时，应设立支柱，或设置保护栏(图5-24)。

图5-23 乔木移植的施工过程

图5-23 乔木移植的施工过程（续）

图5-23 乔木移植的施工过程（续）

图5-24 栽植后的养护管理

5.3 花卉造景

花卉造景是景观艺术表现的必要手段，在丰富城市景观的造型和色彩方面扮演着重要角色。花卉造景的设计形式有花坛设计、花境设计、花台设计。

5.3.1 花坛设计

花坛是城市景观中最常见的花卉造景形式，其表现形式很多：有作为局部空间构图的一个主景独立设置于各种场地之中的独立花坛；有以多个花坛按一定的对称关系近距离组合而成的组合花坛；有设计宽度在1m以上、长宽比大于3:1的长条形的带状花坛；有以上几种花坛组成的具有节奏感的连续花坛群。一般多设于广场和道路的中央分车带或两侧，以及公园、机关单位、学校的观赏游憩地段和办公场所，花坛应用十分广泛(图5-25至图5-29)。

图5-25 模纹花坛

图5-26 盛花花坛

图5-27 平面花坛

图5-28 立体花坛

图5-29 斜面花坛

5.3.2 花境设计

花境设计是以草花和木本植物相结合，沿绿地边界和路缘等地段设计布置的一种植物景观类型。花境具有花卉种类多、色彩丰富并赋予山林野趣的特点，观赏效果十分显著。欧美国家特别是英国园林中花境的应用十分普遍(图5-30至图5-33)，而我国目前花境应用也日趋盛行。

花境植物的种植，既要体现花卉植物自然组合的群体美，也要注意表现植株个体的自然美。因此，不仅要选择观赏价值较高的种类，也要注意相互的搭配关系，如高低、大小、色彩等；花境中各种花卉在配置时既要考虑到同一季节中彼此的色彩、姿态、体型、数量的调和与对比，形成整体构图，同时还要求在一年之中随着季节的变换而显现不同的季相特征，使人们产生时序感。

图5-30　庭院花境

图5-31　草坪花境

图5-32　公园景观花境

图5-33　道路林缘花境

5.3.3　花台设计

将花卉栽植于高出地面的台座上的花卉布置形式，类似花坛但面积较小，适合近距离观赏，表现花卉的色彩、芳香、形态和托台的造型等综合美。在中国古典园林中较常见，现在多用于庭院景观(图5-34)。

图5-34　花台设计

图5-34 花台设计(续)

5.4 草坪

草坪是园林景观地面覆盖材料的首选，为人们提供观赏、休闲和装饰的功能。通常在园林景观地面上，大面积使用草坪是很传统性的，可以使空间更加开阔，起到引导视线、增加景深和丰富层次的作用(图5-35)。

图5-35 对于园林景观中的大部分功能来说，很难找到一种比铺设完好的草坪更适合的地面材料

5.4.1 草坪在园林景观中的应用

人们通常认为草坪造价较贵，且很难保持，而事实上，对于大面积的开阔地面，草坪可能是能够保持很长一段时间的最合理的表面材料。草坪不仅具有良好的生态效益，耐浸湿，降低水的流速，同时以其开阔坦荡的气势，高雅静谧的享受得到认同和肯定，成为现代文明城市的重要标志之一。草坪的维护比较费时，但考虑到所有因素，它还是很值得的。因此，如何建植高质量的草坪是园林景观工程要解决的重要课题。草坪主要用于下述几个方面。

(1) 广场绿地。

广场绿地是一个城市园林绿化水平的集中体现，从一定角度讲，它是城市文明程度的象征，因此其草坪质地的要求较高(图5-36)。

图5-36　广场草坪

(2) 公园草坪。

草坪是公园的重要组成部分，公园草坪与园林林木、园林小品等构成优美的景观环境，为人们提供休闲、观赏、运动等户外娱乐活动场所。草作为园林景观的要素，除了具有调节湿度、光合作用释放氧气等生态功能外，还具备不与树木、乔灌木大量争地的特点。它为公园里各种建筑、风景起到了"净化"、"简化"、统一视觉的作用，因此公园里的草要具有公园草坪一般应具有的耐阴性强、质地细致、绿期长、易养护等特点(图5-37)。

图5-37　公园草坪

(3) 河岸护堤草坪。

以草为主体的植被层在水土保持和固堤护坝中起到重要的作用。在荷兰，种草被认为是最佳的水土保持方法。实验证明，草在保持水土、抑制地表径流方面所起的作用十分显著。草及其根系可吸收大量降水并能大大延缓在强降水过程中地表径流的快速形成，因此在选择草种时，应根据不同的生态条件选择根系发达、抗性好、耐水渍并易于管理的草种为选择条件(图5-38)。

图5-38　河岸护堤草坪

(4) 体育运动场草坪。

足球场草坪不仅可以为观众和竞赛者提供良好的感官享受，更有助于运动员在比赛中发挥球技、减轻比赛受伤的程度。这就要求足球场草坪应有极强的耐践踏能力、再生能力和耐阴等特点(图5-39)。

图5-39　体育运动场草坪

5.4.2　草坪建植

(1) 坪床的准备。

它主要包括场地的清理，土壤的翻耕和改良，以及排灌系统的设置等内容。

(2) 草坪的种植。

草坪的种植方法常采用铺设法和播种法，具体采用何种方法要根据成本、时间要求及草坪草的生长特性而定。通常播种法成本较低，建坪较快，劳动力耗费最少，但是建成草坪所需的时间较长，而铺设法成本较高。

　　① 铺设法施工(图5-40)。

图5-40　草坪铺设的施工现场

　　② 播种法施工：利用播种法形成的草坪，外观整齐、投资少，目前在园林绿化中已广泛采用(图5-41)。

平土　　　　　　　　　　　　　　　　　　整地

图5-41　草坪播种法施工过程

铺草炭土

旋耕

细整

压实

拌种

播种

图5-41 草坪播种法施工过程（续）

图5-41 草坪播种法施工过程（续）

(3) 草坪的养护管理。

草坪建成后，随之而来的是日常和定期的培育管理工作，主要包括浇水、施肥、修剪和除杂草等环节(图5-42至图5-44)。

图5-42 草坪浇水养护管理

图5-43 草坪修剪养护管理

图5-44　草坪除杂草养护管理

设计师经验分享

在进行植物配置设计时，随意画些植物形态作为练习，对学习会有很多帮助。第一，它可以使你看到以各种方式组合的植物群所形成的"剪影轮廓"，从而帮助你想象植物的立面效果。第二，它可以使你练习绘画植物效果图——培养一种非常重要的绘画能力。这有助于你绘制立面图和效果图，从而更好地向客户展示你的设计。

在进行绿化种植和群落配置的时候，对于植物品种的选择和搭配，应遵循自然植物群落的发展规律，合理配置，以达到降低维护成本、优化景观资源配置、优化生态环境、突出自然特色的生态建设目标。只有充分了解作为景观素材的植物的生态价值和美学价值，才能够营造丰富优美、适宜主题的植被景观。

教学实例（一）

项目名称：克利夫兰植物园

项目背景：

当设计人员把注意力转向有"特殊需要"的人群时，他们容易倾向于项目的劣势方面而不是探究扩展经验和可能性。可能我们中的一些人有严重的身体缺陷(比如因大脑麻痹而被束缚在轮椅上)、其他的有轻微缺陷(如伤残)、临时问题(如足部骨折)或进行性的功能衰退等问题。当设计使用空间的时候，我们不只是为伤残者而设计，还应该为包括我们自己在内的每个人设计。克利夫兰植物园的伊丽莎白和诺娜·埃文斯疗养花园就是这样一个适应各种人群的花园。

用于营建新公园的空间很小，地面倾斜，栽种着很多植物。此空间与餐厅露台相邻，从植物园优美的图书馆一眼就能看到。此方案要求复杂，而且施工受到相邻主要建筑物的更新和扩建工程的约束。

项目参数：

由于花园被布置在游客可以自由进入散步的公共植物园内，项目组还重点考虑了游客的隐私需求。为了使设计更具表现力，积极沟通和紧密合作的工作方式极为重要。

讨论包括诸如花园美化，隐私和安全等一般问题，也包括诸如各类游客身心需要，花园治疗项目需求及对现有植物和公园环境的保护等细节问题。选择铺路材料要考虑到耐久性、美感、光泽及亲和力，并用纹理协调防滑需要，以减轻疲劳。就植物在园林治疗方案中的用途、在公共空间内的耐久性、在植物园中所处的位置等展开评估。花园的设计强调把营造一个美丽的花园环境和创造一个有广泛用途的舒适环境相结合。

目标花园具有三个连续的独特空间，各自都具有截然不同的特征及活动度：一个供安静冥想，一个既可供个人示范／探险园，另外一个供园林治疗。

冥想园：

冥想园是一个朴素、雅致的空间，与植物园的图书馆相邻。正值花期的白色玉兰花种植在倒影池的最前面，其后的喷泉从矮墙的顶部流入水池。这儿的特色就是草坪，被石头铺就的人行道环绕着，人行道直通休闲区、水景和远眺区的入口。在此平静背景之上，色彩是柔和的——以绿茵为主。极少见到花儿，极少闻到花香，这就是硬景观。这个苍翠、安静的花园成为埃文斯疗养花园所有三个组成部分的入口点。它的位置与被要求完全分开的餐厅露台相邻。一面爬满蔓生植物的石墙从图书馆延伸开去，掩蔽露台并形成入口，从墙上的窗户可以看到倒影池、玉兰花和草坪，暗示着在那边还有什么。

示范／探险园：

在冥想园矮墙的后面是另外一个花园，具有不同寻常的私密感。这个花园由高大的石墙限定界限，此石墙由植物园的园林治疗专家及主任紧密合作设计而成。此墙自身具有参与特征，为人们抚摸、嗅闻和聆听它提供各种机会。仔细挑选的当地石材，有趣的植物及水景——瀑布、水池和水滴在长满苔藓的石头上，吸引观赏者或坐或站。植物像瀑布一样从墙头垂下并生长在墙上的裂缝里，使得游客在探险和欣赏此花园时被简单的嗅觉和触觉乐趣所吸引，从而达到鼓励锻炼并开发运动能力的目的。此区域的设计既可供个人探险，又可供群体活动使用。

园林治疗园：

为园林治疗方案设计的空间阳光充足、开阔、色彩斑斓。置身此花园的游人，抑或严重残疾的人接触、感受通过仔细挑选的植物及工艺能提高他们的感知力。方案参与者有权选择培植器皿的宽度、高度及特殊摆放形式。种类繁多的罗勒属植物具有较长的生长期，高度各异，花形不同，这样游客或走或坐在轮椅上都能同样眼观及嗅闻，体验芬芳的罗勒属植物。小路、活动区域及问候客户的地方都是宽敞的。在这样一个公共设施内的行为动力学和参与治疗活动都经过仔细考虑，这是植物园全体员工与园林建筑师合作的又一个例子。器皿墙及护堤的使用营造出了有趣、独处而不受干扰的氛围，这样既不会打扰聚会或活动，又可以欣赏花园。卫生保健专业人员及其他人员在这一区域很受欢迎，因为他们了解园林治疗、植物及园艺。

项目重要性：

伊丽莎白和诺娜·埃文斯花园是克利夫兰植物园"综合教育、社会责任、文化及环境职责"这是任务不可缺少的一部分，帮助不同年龄、背景和健全程度的人们欣赏植物并使其受益于植物在他们生活中所起到的积极作用。它通过丰富的感官体验及方案寓教于乐。它提供了收集和摆放植物的环境，最重要的是，它用心地做这些事情，使那些健全的人们感觉更舒适。

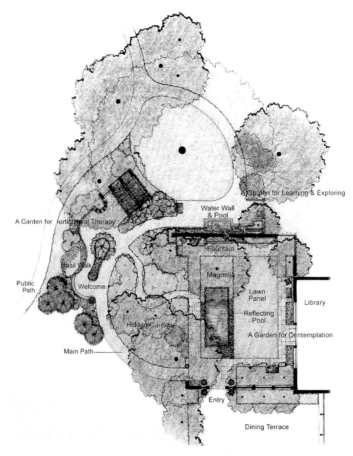

图5-45 克利夫兰植物园平面图

图5-46 │ 图5-47

图5-46 此处风格动感时尚，石头铺就的人行道限定了游泳池和草坪的特征，形成一个可供冥想的去处

图5-47 可供休息的长凳及靠背椅为个体及群体营造了舒适、灵活的休闲区，也拥有多种等级的私密性

图5-48　小径给人宁静的感官享受，水滴落在墙上长满苔藓的石头裂缝上，双眼失明的游客能够从水滴的悦音感知水墙

图5-49　小径的坡度是经过慎密计算的，不易让人产生疲劳感，并且让人产生逗留和观赏香草的愿望

| 图5-48 | 图5-49 | 图5-50 |

图5-50　石墙用不同形状，纹理各异的石头垒就。姿态丰富的植物像瀑布一样从墙上垂下来，很容易在所触及的裂缝内生长

图5-51　种类繁多的罗勒属植物具有较长的生长期，高度各异，花形不同，这样游客或走或坐在轮椅上都能通过视觉及嗅觉体验芬芳的罗勒属植物

| 图5-51 | 图5-52 |

图5-52　当凭栏远望周围的园林，平台提供了一个逗留处。扶手专为有关节炎的人而设计

图5-53 | 图5-54

图5-53 园林治疗方案与植物、石墙及地形相结合，这样不需把它与周围园林隔离就能达到空间的私密性

图5-54 石墙界定分隔冥想园和示范园。1.8m的墙上设有台阶，具有像瀑布一样垂下的植物、水景及有趣的石材等特色

教学实例（二）

项目名称：匈牙利"城市草坪"建筑规划

建筑设计师：Barnabas Laris、Adam Vesztergom

景观设计师：Barnabas Gyure、Csenge Csontos

协助设计师：Nora Kohalmy、Mark Antal

地点：布达佩斯(匈牙利)

项目背景：Barnabas Laris和Adam Vesztergom，同时还有Barnabas Gyure、Csenge Csontos、Nora Kohalmy 和Mark Antal赢得了Ujpalota区主要广场设计大赛，他们这项设计的名字为"城市草坪"。Ujpalota区的这个主要广场是布达佩斯的第二大的微型广场，它坐落于该居住区的中心，与道路相连。大部分住在该区域的居民每天都要经过这个广场。然而，这个城市广场周围没有由建筑构成的景观。因此，新的社区建筑会起到意想不到的公共职能，同时也会给周围的环境带来变化，这些建筑布局适中，比商业建筑更加坚固。

图5-55 "城市草坪"景观规划平面图

urban meadow

meadow = open space
its facades are created by the foli-
age and the common house

leaf structure

the surfaces connect to each other by
the nervation
small cube pavement grids the park

surfaces

there are no roads
patches for relaxing and
traffic are varied

main parts

square of the adults - ▇ main square
square of the young - ▇ playground
square of the passengers - ▇ bus stops
square for relax - ▇ floating patches

passing ways

the existing directions for passing remain

remaining volumes

the volume of the existing common house
is used
the contour of the commercial unit is modified,
its dominance decreases

commerce

green facade vegetable on the roof
" red " shop connected to the green of
the park

bus stops

staying at the existing place
floating foliage - like roof, fore-
ground of the park

图5-56 "城市草坪"景观规划设计分析图

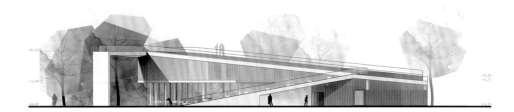

图5-57 "城市草坪"景观规划立面图

图5-58 "城市草坪"景观规划俯视效果图

图5-59 "城市草坪"景观规划局部效果图

课后练习

1.了解常用树木、花卉、草坪的名称、形状、色彩和特性。可去植物园、大型绿地等地方实地考察,用照相或速写的形式表现。

2.依据本次课程项目设计任务书(校园景观设计),制作校园景观绿化设计,绘制植物配置图。注意区分校园绿化设计与一般的园林绿化设计的不同,校园是以建筑为主体的空间环境,大部分活动都在建筑空间内实施,充分利用绿化来美化建筑立面,弥补建筑及空间的不足,使绿地同建筑相协调。还要考虑树木、草坪、花坛、入口、走道之间的关系;高矮、疏密、姿态、种类、色彩等的搭配。

项目六 建筑及小品工程

教学能力目标：

1. 了解园林景观建筑及小品设计原理。
2. 掌握园林景观建筑及小品设计与施工的基础知识。
3. 掌握园林景观建筑及小品的设计规范，完成相应设计图纸的绘制。
4. 了解园林景观建筑及小品的施工方法、施工技术及措施。

项目介绍

园林景观中的建筑及小品工程指环境中各种具有一定艺术美感，具有特定功能，为环境所需要的人为构筑物。对园林整体环境的构成、氛围的营造及主题的升华有着重要的意义。这些公共设施不仅是场地内的点缀与装饰，还要服务于人们的各种生理和心理需求，烘托整个园林景观环境的主题氛围。

项目分析

了解园林景观建筑及小品的设计步骤，了解相应的设计规范，掌握园林景观建筑及小品设计与施工的基础知识，确定机构、施工的方法、施工技术及措施等，完成相应图纸的绘制。

项目相关知识

6.1 园林景观艺术性小品

艺术性小品在园林景观中虽然不常作为主体出现，但其独特的造型与丰富的艺术内涵总会吸引人们的目光，提高环境的艺术格调，起到画龙点睛的作用。

6.1.1 雕塑

现代环境中，雕塑被运用在园林景观的各个领域中，装点着城市的各个角落，起到点景、衬景的作用，且反映世俗文化的雕塑日益增多。使用材料有永久性材料如石材、水泥、玻璃钢等和非永久性材料如石膏、泥、木材等。现代园林景观雕塑，以它的功能来划分，大致可分为纪念性、主题性、装饰性、功能性四大类。

(1) 纪念性雕塑在环境中处于中心和主导位置，以雕塑的方式纪念人或物为主题，它的特点是在环境景观中处于主导位置，起到控制和统帅全部环境的作用，所有环境要素和总平面设计都要服从雕塑的总立意(图6-1)；

(2) 装饰性雕塑往往利用立体的造型、空间的构成、材料的变化来丰富环境、美化环境(图6-2)；

(3) 主题性景观雕塑是通过主题性景观雕塑在特定环境中揭示某些主题，与环境有机结合，可以充分发挥景观雕塑和环境的特殊作用，这样可以弥补一般环境缺乏表意的功能，因为一般环境无法具体表达某些思想(图6-3、图6-4)；

(4) 功能性雕塑是一种实用雕塑，是将艺术与使用功能相结合的一种艺术，这类雕塑从私人空间如"台灯座"，到公共空间如"游乐场"等无处不在，它在美化环境的同时，也丰富了人们的视觉感受，启迪了人们的思维，让人们在生活的细节中真真切切地感受到美(图6-5、图6-6)。

图6-1　历史人物纪念性雕塑和历史事件纪念性雕塑

图6-2　城市广场装饰性雕塑和城市公园装饰性雕塑

图6-3　音乐主题广场雕塑　　　　　　　　图6-4　爱情主题广场雕塑

图6-5　日晷功能性雕塑　　　　　　图6-6　标志系统功能性雕塑

6.1.2　假山和置石

　　假山与置石是具有中国特色的人造景观。假山是以造景游览为主要目的，运用传统与现代工艺充分地结合其他多方面的功能作用，以土、石等为材料，以自然山水为蓝本加以艺术的提炼和夸张，是人工再造山水景物的统称。假山的体量大而集中，可观可游，使人置身于自然山林中感受其质感(图6-7、图6-8)。置石是以山石为材料做独立性或附属性的造景布置，主要表现山石的个体美或局部的组合而不具备完整的山形。置石体量较小而分散，主要以观赏为主，结合一些功能方面的作用，体小而分散(图6-9、图6-10)。

图6-7　城市公园假山景观　　　　　　图6-8　居住小区假山景观

图6-9　庭院置石景观　　　　　　图6-10　街道置石景观

(1) 假山与置石的功能作用。

在绿地中假山与置石可以点缀景观空间、陪衬建筑与植物；也可以作为自然山水园林的主景和地形骨架；作为划分空间和组织空间的手段；作为室外自然式的家具或器设；用山石做驳岸、挡土墙、护坡和花台等(图6-11至图6-16)。

图6-11　点缀景观空间，陪衬建筑与植物

图6-12　置石作为景观的地形骨架

图6-13　石景划分与组织空间

图6-14　不规则的石景形成公园主景

图6-15　用自然山石做驳岸

图6-16　用自然山石做护坡

(2) 假山工程。

假山的功能表现在前面通过图例已经展现，那么假山的制作工程需要一些基本要求，例如要注意选择适合的山石来做山底，不能用风化过度的松散的山石，假山像建筑一样，必须有坚固耐久的基础；山石底部一定要垫平垫稳，保证不能动摇，以便于向上砌筑山体；石与石之间要紧密相连互相咬合；山石之间要不规则地断续相间，有断有连等。

下面是一组作为护坡的假山施工流程(图6-17)，简单了解假山施工过程与工艺，为以后进一步学习园林景观设计，可直接用于设计实践。

先用灰砂，砖块打底，做个大概的山体造型

用水泥砂浆抹灰，勾勒出石头的基本形状及画石缝

用刷子洗刷水泥砂浆的表面，让其自然，表面有点粗糙

根据所造山石的材质，对假山进行造型，塑出石脉和条纹

上好颜色后的假山石壁

假山石壁可做点小花基，种点花草

图6-17　作为护坡形式的假山施工流程

(3) 置石工程。

置石工程是石景艺术化布置的创作和实践成果。石景创作中，除了利用山石组合体造型外，人为对山石形体进行加工的情况是比较少的，通常都只是对石景的姿态和布置状态进行调整，使景物最大限度地展现其艺术观赏价值。置石造景要求造景目的性要明确，格局严谨，手法熟练，使人耳目一新，有独到之处(图6-18)。

图6-18 某办公区景石施工现场

6.2 园林景观服务性小品

园林景观中除了建筑、植物、地形、水体这些基本元素之外，一组景石、几丛花木、一盏园灯、一组雕塑都能成为景观中的独特语言，每一位观赏者都能够感受设计者对园林景观的设计意图，并能沟通观赏者的心灵。因此，园林景观服务性小品就是为满足人们游览和休憩过程中的各种功能性需求。它们大多造型独特，富有特色，并讲究适得其所。

6.2.1 园椅

园椅是各种园林景观中必备的设施，供人们就坐休息，促膝谈心和观赏风景，同时还具有组织风景和点缀风景的作用。园椅常用的材质有石材、金属、木材、混合材质等类型(图6-19)。

园椅造型多种多样，可根据其功能及周围环境来确定，在布置上应注意不能影响正常的交通，尽可能与其他设施成组放置，包括自然式和规则式两种(图6-20、图6-21)。

图6-19　园椅常用的材质

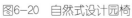

图6-20　自然式设计园椅　　　　　图6-21　规则式设计园椅

6.2.2 服务性园林景观小建筑

这类小品式建筑物一般指在园林景观中供休息、装饰、展示或为园林管理及方便游人之用的小型建筑设施。例如休息亭、廊、花架等建筑形式。这些建筑小品既能美化环境、丰富园趣，又能为游人的休息和公共活动提供更多的便利。

(1) 景观亭。

园林景观亭是园林绿地中精致细巧的小型建筑物。可分为两类，一是供人休憩观赏的亭；另一种是具有实用功能的售货亭、票亭等(图6-22)。亭是在我国园林景观中运用最多的一种建筑形式，无论是传统的古典园林，还是现代的公园及风景名胜区，都可以见到各种各样的亭。景观亭的特点可简单概括为：在功能上，驻足休息，纳凉避雨；在造型上相对小而集中，常与山水、绿化等结合起来组景；在结构与构造上，大多简单，施工方便(图6-23)。

图6-22　售货亭与售票亭

图6-23　风格各异的亭建筑

(2) 景观廊。

指屋檐下的过道、房屋内的通道或独立有顶的通道。廊不仅能够联系室内外空间，还常成为各个建筑之间的联系通道。一般在园林的平地、水边或水上、山坡等各种不同的地段上建廊，由于不同的地形与环境，所以作用和要求也各不相同(图6-24)。

景观廊具有一定的功能性，主要表现在：联系建筑、划分并围合园林空间、组廊成景、展览作用、供游人休息避风雨或防日晒等(图6-24至图6-27)。

古典风格廊

现代风格廊

传统风格廊

图6-24　各种风格的景观廊

图6-25　廊起着划分并围合园林空间的作用

图6-26　爬山廊

图6-27　廊可以供游人休息避风雨防日晒，作为交通通道，更是一道风景

(3) 花架。

花架是用以支撑攀缘植物生长的一种棚架式建筑。与廊同出一辙，不同之处在于花架没有屋顶，只有空格顶架。在造型上更为灵活、轻巧，加之与植物相配，极富园林特色。现在的花架，有两方面作用，一方面供人驻足休息、欣赏风景；一方面创造攀援植物生长的条件。因此可以说花架是最接近于自然的园林小品(图6-28至图6-31)。

图6-28 花架可以和亭、廊、水榭等结合,组成外形美观的园林建筑群

图6-29 德国某保险公司花架廊

图6-30 美国拉斯维加斯商业步行街金属灯具综合花架

图6-31 宅区花架

6.2.3 其他园林景观服务性小品

园林景观服务性小品所包含的种类很多,还有一些看似琐碎的内容,如垃圾桶、护栏、饮水台等,这些小品的设计同样不能忽视,要仔细、认真地推敲分析,既要为游人提供舒适、便利的使用条件,又要符合整体环境的艺术气息(图6-31至图6-35)。

图6-31　不同风格样式的垃圾桶

图6-32　不同风格样式的饮水台

图6-33
图6-34
图6-35

图6-33 指示导向标识系统

图6-34 公用电话亭

图6-35 园林景观照明

6.3 园林景观休闲娱乐性小品

这类公共设施的主要设计目的是为游览园林景观的游人提供开展各类活动的条件。例如儿童游乐场，各类运动场，小区健身设施等。这类系统的设施不仅是儿童，而且是青年人、老人喜欢的活动设施，是人们锻炼身体、陶冶情操、休闲娱乐的好地方。在设计中可以采用夸张的形态或色彩，以渲染欢快活泼的气氛。而这类设施的安全性、坚固性也是设计师要考虑的主要问题。

　　游戏设施往往是儿童嬉戏空间的核心，较传统的儿童游乐场器械设备一般较简单，但经久不衰，如沙坑、涉水池、秋千、跷跷板、转椅等(图6-36至图6-42)。

　　休闲健身设施在景观广场、园林中总是最受欢迎的。此类设施要求较严格，但趣味性较强，受欢迎程度高，在有条件的园林景观环境中可选择此设施(图6-43至图6-45)。

图6-36	图6-37
图6-38	图6-39
图6-40	

图6-36　Valkenberg公园内18m×12m的大沙箱

图6-37　孩子在水池中嬉戏玩耍

图6-38　游戏设施——秋千

图6-39　以"龙"为设计元素的游戏设施——滑梯

图6-40　儿童游乐园内孩子们通过连接于地上的彩色弯曲的"电话管道"网进行交流

图6-41	
图6-42	
图6-43	图6-44

图6-41　建在路边的1.8m长的蚂蚁，吸引着周围人们的视线和孩子们的游玩乐趣

图6-42　意大利Meties节的游乐园，地毯般的草坪微微隆起，形成小山坡，游人可以踢球和玩耍

图6-43　时尚运动公园中的攀岩

图6-44　时尚运动公园中的年轻人在轮滑运动，在斜坡和台阶上，玩出的花样繁多

图6-45　公园中的各种体育运动器械

教学实例

项目名称：非常国际居住区园林景观小品设计

项目概况：非常国际位于河南省郑州市市区，总用地面积58550m²，小区总户数为711户，绿地率达48.5%，小区以四列住宅结合嵌于其间的三个各具特色的庭院空间组成，各庭院具有各自的独立感，但各庭院又隔而不断，通过景观组织及局部底层架空使三个庭院又融为一体(图6-46至图6-51)。

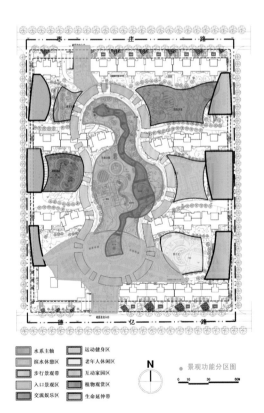

图6-46　郑州非常国际居住区景观总平面图　　图6-47　郑州非常国际居住区景观功能分区图

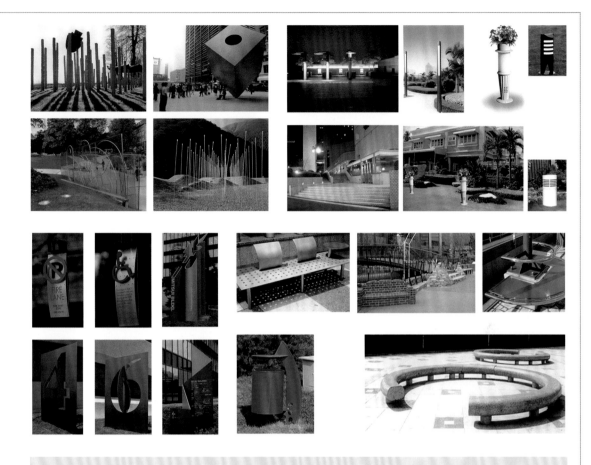

图6-48　景观雕塑：在景观小品的设计中，结合"非常国际"景观规划风格，注重表达人的理性与浪漫

图6-49　景观灯具：庭院灯、草坪灯等富有时代感的景观照明工具，除了可成为引人注目的景观小品，还可成为景观构图的重要组成部分，同时还兼引导交通路线的实际功能

图6-50　园区指示标识系统：组成包括园区入口标志、园区地图、标志门牌、规定性标识等。选用的原则是具有创造性的造型、具有雕塑感的个性、蕴含丰富的文化、体现园区的新时代"国际"风貌

图6-51　环境家具：如座凳在布点和造型上都充分体现对人的无微不至的关怀。选用原则是具有简洁、新颖的造型，具有雕塑感的造型，并结合环境巧妙设计、形成独特的景观

项目名称：瓦尔特基尔辛城市公园设计游乐设施

项目概况：

Rehwaldt Landschaftsarchitekten景观设计事务所应邀为瓦尔特基尔辛城市公园设计游乐设施，使这个公园对孩子更具吸引力，并且让孩子们在玩耍的同时增长知识。事务所的景观

设计团队设计并修建了三个新的游乐区：The Big Hill Slide、Aquasonum和Traxing Fir。

The Big Hill Slide游乐区：

第一个游乐区名为"The Big Hill Slide"。公园内原来有一处带有小丘、犁沟和巨石的斜坡，设计团队将这处天然景观改造、设计成一个游乐区。用最短的距离将瓦尔特基尔辛公园的老园区与Waschelbach creek连接起来。游乐区设施的顶端和坡面均由弹壳制成，并且大部分区域都铺设了有机材料。游乐区的每个部分也可以各自独立组成一个新的游乐区，适合不同年龄的孩子在里面玩耍(图6-52至图6-55)。

图6-52	
图6-53	
图6-54	图6-55

图6-52 该项目以探索地形、游戏与设施之间的关系为设计理念，设施表面采用多种多样的材料，可以激发孩子们的好奇心，鼓励孩子们去研究各种材料的不同特性

图6-53 孩子们可以沿着坡面滑下来，也可以借助绳子下来

图6-54 公园顶端有爬杆供孩子们玩耍

图6-55 公园内适合不同年龄的孩子在里面玩耍

Aquasonum游乐区：

Aquasonum位于瓦尔特基尔辛游乐园老园区的一座小山上，可俯瞰四周层峦叠嶂的巴伐利亚全景，是一个非常理想的休憩场所。同时，这也是原来瓦尔特基尔辛储水塔的所在地。根据这个历史特点，着力表现了这个设施因地制宜的特征。景观设计团队对储水塔的旧址进行了改造，设计了一个带有喷泉的水池，名为Aquasonum。水池的高度较低，孩子们可以在水池中嬉戏玩耍。潺潺的水声混合着丰富的旋律和孩子们的欢笑声，使这个景点成为只有在乡村和田野中才能找到的田园牧歌式的游览胜地(图6-56至图6-58)。

图6-56

图6-57 | 图6-58

图6-56　波光粼粼的淡蓝色水面上露出许多闪闪发光的绿色喷嘴，使人联想到童话故事中的情景或巴洛克风格的建筑

图6-57　孩子们可以通过感应触摸板控制喷水池，还可以调节喷嘴高度。当孩子的手拂过触摸板时，水下音响系统就会随着喷泉喷水量的大小演奏出高低起伏的旋律

图6-58　水池的高度较低，孩子们可以在水池中嬉戏玩耍

Traxing Fir游乐区：

Traxing Fir是瓦尔特基尔辛附近的Traxing小镇上一棵著名老杉树的名字。忠诚的小镇居民在杉树被砍倒以后将树木保存起来。设计师赋予这棵树第二次生命，将其改造成当地儿童的游乐设施。现在，这颗"树"已成为瓦尔特基尔辛游乐设施老园区的入口。垂直于地面的木料构成了这颗"树"的新皮肤。孩子们可以轻松而又安全地在"树干"内部的网状结构一层层地爬到顶端。当孩子们爬到顶端时可以看到古镇的屋顶和周围的公园风光，会有一种前所未有的成就感(图6-58)。同时，Traxing Fir也使孩子们感受到历史遗迹的雄伟壮丽。

图6-59　从外面就可以看到这个设施的内部结构，但是孩子们进去之后才能发现其中的各种游乐功能。从木料之间的夹缝中我们可以看到诡秘的层状结构、充满结构的攀爬网和悬在空中的椭圆形铁环彼此堆叠在一起

课后练习

1.收集相关公共设施及建筑小品资料，包括国内外各种媒体信息，依据功能性方法，人群限定方法等对资料进行深入分析，针对某一类型的景观小品拓展，深化设计。

2.实地考察现有室外环境中的雕塑与垃圾箱设计，用拍照或速写的形式表现，设计一种放置在学校校园中的主体雕塑与一款公用垃圾箱。需要考虑它的造型、尺度、材质、色彩及所处的位置。

项目七 夜景照明工程

教学能力目标：

1. 了解园林景观照明设计。
2. 掌握施工的基本知识点。
3. 掌握运用园林景观照明工程的基本常识。

项目介绍

在夜晚的景观环境中，照明系统的灯光将园林景观中本来平淡的夜晚渲染的妩媚多姿。本节将从不同方面探究夜景照明系统的特点及设计规律，通过对园林景观夜景照明相关知识的学习，了解园林景观照明工程的基本常识。

项目分析

了解园林景观照明工程基本步骤，能营造园林景观氛围并和专业学科相关知识相互协调，与电气学科专业配合完成园林景观照明的工程任务。

项目相关知识

7.1 园林景观照明设计基本认知

园林景观照明工程通常是由园林景观专业设计人员在设计阶段或扩初阶段完成园林景观照明氛围的营造、烘托及照明灯具的选择，并由电气专业学科人员完成照明电气专业相关图纸绘制。

7.1.1 夜景照明工程设计分类

(1) 建筑物夜景照明。

建筑物夜景照明是在原有建筑的基础上，通过光线照射的明与暗、动与静及点、线、面、色彩与图案的变化使建筑物在夜间有满壁生辉、光彩夺人的艺术效果，从而形成巨大的社会效益和经济效益。照明对象有房屋建筑，如纪念性建筑、陵墓建筑、园林建筑和建筑小品等。照明时，应根据不同建筑的形式、布局和风格充分反映出建筑的性质、结构和材料特征、时代风貌、民族风格和地方特色等(图7-1)。

(2) 广场夜景照明。

现代化的城市广场，根据不同的功能要求，通过科学的设计，利用灯光并加以美化、亮化，充分运用光线照射的强弱变换、色彩搭配，营造出和广场性质与周围环境统一协调、优美宜人的照明氛围(图7-2)。

图7-1　建筑夜景照明设计

图7-2　广场夜景照明设计

(3) 道路景观照明。

道路景观照明在保证道路照明功能的前提下，通过路灯的优美造型，简洁明快的色彩，科学地布灯，能够营造出功能合理、景观优美的照明(图7-3)。

(4) 商业街景观照明。

根据商业街的功能、性质和类别，综合考虑街区的路、店、广告、标志、市政设施(含公共汽车站、书刊亭、广场、喷泉、绿地、树木及雕刻小品等) 构景元素照明的特征，统一规划，精心设计，形成统一和谐的照明(图7-4)。

图7-3 道路景观照明设计

图7-4 商业街景观照明设计

(5) 园林夜景照明。

根据园林的性质和特征，对园林的硬质景观(山石、道路、建筑、流水及水面等) 和软质景观(绿地、树木及植被等) 的照明进行统一规划，精心设计，形成和谐优美的照明(图7-5)。

(6) 水景照明。

为渲染水景的艺术效果，根据水景的类别，对自然水景(江河、瀑布、海滨水面及湖泊等) 和人文水景(喷泉、水库及人工湖面等) 设置的照明(图7-6)。

图7-5 公园夜景照明

图7-6 水景照明设计

(7) 节日庆典照明。

利用灯光或灯饰营造欢乐、喜庆和节日气氛的照明(图7-7)。

(8) 公共信息照明。

利用灯光(含地标性灯光、广告和标志性灯光等) 做媒介，为人们提供公共信息的照明(图7-8)。

图7-7　节日庆典照明　　　　　　　　　　图7-8　公共信息照明

7.1.2　园林景观照明工程设计的原则和方法

(1) 园林景观照明的整体性。

园林景观照明需要通过共性体现出整体感。要表现出整体感，就要照顾到景观中的每一个元素，不能顾此失彼。

(2) 园林景观照明的趣味性和韵律感。

注重园林景观造型本身的趣味性和特点，用灯光照明来彰显景观特征。通过照明的设计手法来表现景观当中序列的韵律感。

(3) 灯光设施的隐蔽性。

夜景灯光照明灯具尽可能地隐蔽，尽量做到"见光不见灯"，同时还要避免光污染。

(4) 绿色环保照明设计。

夜景照明需要消耗大量的电能，通过对灯具光源的选择和灯光的组织，设计符合绿色生态理念的夜间照明环境。

7.2　园林景观照明方式及照明质量的判断

7.2.1　园林景观照明方式

夜景照明的手法多种多样，根据设计氛围营造效果要求，进行照明方式的选择。

(1) 直接照明。

为照亮整个园林景观场所而设置的照明。照明方式以常见的路灯照明为主，是景观干线照明中最普遍的类型。直接照明适于保证相应路段或区域的车行或人行交通，给人以安全感，以及为景观区域内的夜间活动场地提供照明环境。这种照明方式投资少，运行方式简单，普及性高，照度均匀。但其光线直接由光源照射出来，容易形成光污染；或由于光源位置的不合理而出现眩光现象，这些都是在设计中应注意的问题(图7-9)。

(2) 间接照明。

这种照明方式主要以庭院灯、草坪灯或其他反射类灯具为主。其优势在于"见光不

园林景观工程设计与实训

见灯", 多利用灯具内相应反射板或透镜的组合隐藏光源, 使光线经过反射或折射间接地照射出来, 从而大大降低了出现眩光现象, 是景观支线照明与小区域照明经常采用的方式。但是, 在同等功率下, 这种照明类型的光强度比直接照明的方式弱, 不便于形成大空间的照度环境(图7-10)。

(3) 轮廓照明。

轮廓照明主要用于表现建筑物或其他景观设施的轮廓形态, 光源一般为多线状光源, 而一些新技术的灯具(如冷极管、侧发光光线、LED霓虹灯管等)的出现, 又极大地丰富了轮廓照明的表现手段。轮廓照明易于凸显建筑的轮廓特征, 并且安装简便, 在白天其灯具对外观影响较小, 但轮廓照明的方式有时会削弱对象的立体感且缺少面状控制能力, 因而需要与其他照明手段配合使用(图7-11)。

(4) 投射照明。

这种照明方式是运用投光类灯具把光线投射到建筑、绿地或树木上, 以形成照明效果的方法。投射照明的表现形式多样, 如果能够比较自由地控制光与影的比例, 且灯具往往与建筑或景观目标有一定的距离和角度, 这样可以形成组合优势。另一方面, 投射照明对能源消耗较大, 若灯具安放不合理, 会明显的破坏建筑和景观在白天的视觉效果, 并且这种照明方式很容易对被照射环境内的人形成刺眼的眩光(图7-12)。

(5) 光幕与内透光照明。

这种照明方式主要应用于景观中建筑、桥梁或其他构筑物领域。光幕是指将联系的光源布置于建筑物的外侧, 利用反光板形成连续均匀的光幕, 它能够充分表现建筑表面的质感, 而且可以通过光色、色温、反光度等手段对建筑表面进行再塑造, 达到亦真亦幻的视觉效果。内透光照明主要应用在光幕无法发挥作用的玻璃幕墙建筑中。将光源安

图7-9　路灯直接照明

图7-10　草坪灯、反射灯间接照明

图7-11　建筑轮廓照明

图7-12　投射夜景照明

置在建筑室内，利用玻璃透光的特性让室内光透出室外，形成建筑物晶莹剔透的视觉效果(图7-13)。

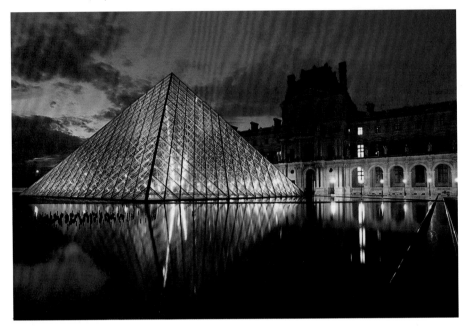

图7-13　光幕与内透光照明

7.2.2　园林景观照明质量的判断

良好的视觉效果不仅是单纯地依靠充足的光通量，还需要有一定的光照质量要求。

(1) 把握适度的照明强度。

夜景照明设计虽然要将环境空间照亮，但并非越亮越好，应遵循适度的原则，将照度控制在合理范围内，否则就会出现光污染的问题。在一些景观实例当中，由于缺乏相应的技术支持，设计师没有经过计算，设置灯具只凭经验或感觉，造成区域照明过量或不足，从而影响了整体环境的质量。

(2) 照明的均匀度和协调性。

园林景观中的照明设计常以散点布置的形式为主，并且会有多种灯具组合使用，因而要特别注意不能出现照度分布过于不均匀，而导致明亮区域与黑暗区域反差过大的后果。同时，各种灯具在照明范围、色彩、发光形式等方面各有不同，应从整体出发进行系统的分析，保持相互间的协调关系，营造和谐的光环境。

(3) 眩光的限制。

夜景照明设计中重要的原则之一，即在任何条件下都不能使光源直射入人的眼睛，出现眩光。所谓眩光是由于亮度分布不适当、亮度的变化幅度太大或由于在时间上相继出现的亮度相差过大所造成的观看物体时感觉不适或视力减低的视觉条件。为防止眩光产生，常采用的方法是：注意照明灯具的最低悬挂高度；力求使照明光源来自适应的方向；可使用发光表面面积大、亮度低的灯具。

(4) 节能环保的设计理念。

传统的景观照明往往会消耗大量的电能，不利于当前绿色社会的趋势，而随着照明技术的发展，很多节能型光源的出现为解决这一矛盾提供了出路，例如当前广泛应用的LED灯，其发光效果效率极低，可以有效地节约电力；而一些新能源灯具(太阳能路灯)则完全可以做到"自给自足"。我们在设计中应树立节能环保的设计理念，尽量减少能源的浪费，做到艺术、科学、经济的完美结合。

7.3 园林景观照明工程设计准备工作

7.3.1 夜景照明工程设计资料收集内容

需收集的资料包括如下几方面。

(1) 园林景观工程项目的平面布置图及地形图，根据需要还应有景观工程项目中的主要建筑的平面图、立面图和剖面图。

(2) 景观工程项目对电气设备的要求(设计任务书)，尤其是专用性强的照明需求，应明确提出灯具选择、布置等要求，并配合电气专业协调安装、照度的要求。

(3) 了解电源的供电情况及进线方位。

7.3.2 夜景照明工程设计

夜景照明工程设计的具体步骤如下：

(1) 明确照明对象的功能和照明要求。

(2) 选择照明方式，根据设计任务书中对电气的要求，在不同的场合和地点选择不同的照明方式。

(3) 灯具、光源的选择，主要是根据景观工程项目配光和光色要求，与周围景色配合来选择光源和灯具。

同一种物体用不同颜色的光照在上面，在人们视觉上产生的效果是不同的。红、橙、黄、棕色给人以温暖的感觉，人们称之为"暖色光"；而蓝、青、绿、紫色则给人以寒冷的感觉，就称它为"冷色光"。光源发出光的颜色直接与人们的情趣——喜、怒、哀、乐，这就是光源的颜色特性。

这种用光的颜色特性——"色调"在园林景观中就显得十分重要，应尽力运用光的"色调"来创造一个优美的或是各种有情趣的主题环境。如白炽灯用在绿地、花坛、花径照明，能加重暖色，使之看上去更鲜艳。喷泉中，用各色白炽灯组成水下灯，与喷泉的水柱一起在夜色下可形成各种光怪陆离、虚幻缥缈的效果，分外吸引游人。而高压钠灯等所发出的光线穿透能力强，在园林中常用于滨河道路、河湖沿岸等及云雾多的风景区的照明。可以在视野内被观察物和背景之间形成适当的色调对比，以提高辨识度，但此色调对比不宜过分强烈，以免引起视觉疲劳。

设计师经验分享

我们在选择光源色调时要考虑被照面的照明效果：暖色能使人感觉距离近些，而冷色则使人感到距离加大，故暖色是前进色，冷色则是后退色；暖色里的明色有柔软感，冷色里的明色有光感；暖色的物体看起来密度大些、重些和坚固些，而冷色的则看起来轻一些。在同一色调中，暗色好似重些，明色好似轻些；在狭窄的空间宜选冷色里的明色，以造成宽敞、明亮的感觉。一般红色、橙色有兴奋的作用，而紫色则有抑制作用。

教学实例

项目名称：宁德塞纳湖畔建筑与景观夜景照明

项目背景：

宁德塞纳湖畔建筑，该项目东临福宁南路，北临支堤路，紧邻汽车南站和南岸景观公园，位处宁德城市新区的发展所在，地理位置极为优越。该项目不仅坐享四通八达的交通，自身的精工品质也可圈可点，塞纳湖畔匠心独特地打造"五大优势"，极大地吸引客户的关注，足以彰显出该项目的发展潜力。

设计说明：

高雅的欧洲古典主义，典雅中透着高贵，深沉里显露豪华，具有很强的文化感受和历史内涵，讲究品位与身份，给人以奢华、大气的感觉。俯瞰塞纳湖畔，就像一颗耀眼的东方明珠，闪耀在宁德的夜空下，实现塞纳湖畔建筑与景观的特色照明、意境照明、动感照明、互动照明等光环境艺术内涵(图7-14至图7-17)。

图7-14　照明设计着重体现建筑楼群顶部效果，促使建筑有一个很好的远观效果，远远望去，塞纳湖畔像一座富丽堂皇的宫殿，如此的华贵气魄。彰显塞纳湖畔是一个具有文化底蕴的人文居住环境区

图7-15　园林景观强调功能性、观赏性与艺术性的结合，注重创造出个性化的园林空间，使居住者在此得以"体味都市情怀，尽享自然雅趣"

图7-16　此区域以水景为中心，绿化作背景，夜色下七彩变幻的喷泉为主要景观资源，辅以娱乐、休息、欣赏功能为一体、营造惬意的生活氛围

图7-17　洗墙灯照亮草坪效果，宁静自在的灯光，人们在花间树下漫步，观赏着四季变化与造型色彩各异的各种植物，听闻鸟语花香，享受恬静安然的生活，使人们心旷神怡

课后练习

1.依据园林景观照明的分类，翻阅收集相关园林景观照明设计资料，对资料进行深入分析，并针对某一类型的园林景观照明进行深化设计。

2.实地考察现有室外环境中的照明设计，用照相或速写的形式表现，设计一款适合在大面积的公共广场上放置的路灯。此设计需要考虑路灯的造型、尺度、材质、色彩、灯光效果及所处的位置。

项目八　园林景观工程投标

教学能力目标：

1. 掌握园林景观工程投标文件的图纸资料组成。
2. 了解园林景观工程投标文件的书面资料组成。
3. 了解园林景观工程投标技巧。

项目介绍

随着社会经济的发展，招标、投标逐渐成为市场经济的一种竞争方式，适用于大宗交易。园林景观工程实行招标、投标制度，是使工程项目建设任务的委托纳入市场机制，通过竞争择优选定项目的工程承包单位、施工单位、监理单位等，达到保证工程质量、缩短工程周期、控制工程造价、提高投资效益的目的，由发包人与承包人之间通过招标、投标签订承包合同的经营制度。所以，作为一名环境艺术设计专业的学生，除了要学习园林景观设计的理论知识外，在工作实践中还应学会如何制作一份规范的园林景观项目投标书。

项目分析

一个完整的园林景观工程投标书应该分为两大制作部分，第一个就是园林景观设计图纸，它是设计人员在掌握园林景观艺术理论、设计原理、有关工程技术及制图基础知识的基础上，经过艺术构思和合理布局所绘制的专业图纸。它是园林工程设计人员的技术语言，它能够将设计者的设计理念和要求通过图纸准确地表达出来。第二个就是书面文字资料部分，就是把在招标文件中提到所需的各种证明资料，主要内容是说明设计的意图、原理、指导思想和设计内容，以及包括商务和技术方面相关的表格等，这些文件必须书写清楚，编写合理，并且确保充分执行。如果说明书写得不清晰、不直接，甚至于不容易被理解，这样就会将一些潜在的投标者排除掉，而方便了一部分不遵守质量标准的人，这样就失去了投标的意义。由以上两大部分组成的文件内容，就构成了一整套完整的园林景观工程投标书。

项目相关知识

8.1 园林景观工程投标文件资料组成

8.1.1 园林景观工程投标文件的图纸资料

1.总体规划设计图

总体规划设计图主要表现规划用地范围内总体综合设计，反映组成园林各部分的尺寸和平面关系以及各种园林景观要素(如地形、山石、水体、建筑及植物等) 布局位置的水平投影图，它是反映园林工程总体设计意图的主要图纸，同时也是绘制其他图样、施工放线、土方工程及编制施工方案的依据。图8-1所示为浙江金都佳苑居住区景观的总体规划设计图纸。

一般情况下总体规划设计图所表现的内容包括如下：

(1) 规划用地的现状和范围。

(2) 对原有地形、地貌的改造和新的规划。注意在总体规划设计图上出现的等高线均表示设计地形，对原有地形不作表示。

(3) 依照比例表示出规划用地范围内各园林组成要素的位置和外轮廓线。

(4) 反映出规划用地范围内园林植物的种植位置。在总体规划设计图纸中园林植物只要求分清常绿、落叶、乔木、灌木即可，不要求表示出具体的种类。

(5) 绘制图例、比例尺、指北针或风玫瑰图。

(6) 注标题栏、会签栏，书写设计说明。

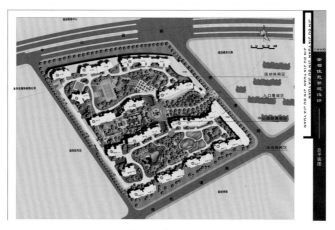

图8-1　浙江金都佳苑居住区景观设计总规划平面图

2.竖向设计图

竖向设计图主要反映规划用地范围内的地形设计情况，山石、水体、道路和建筑的标高，以及它们之间的高度差别，并为土方工程和土方调配及预算、地形改造的施工提供依据(图8-2)。

图8-2　浙江金都佳苑居住区景观设计竖向分析图

竖向设计是园林总体规划设计的一项重要内容。竖向设计图是表示园林中各个景点、各种设施及地貌等在地面的高低变化和协调统一的一种图样，主要表现地形、地貌、建筑物、植物和园林道路系统等各种园林景观要素的高度等内容，如地形现状及设计高度，建筑物室内控制标高，山石、道路、水体及出入口的设计高度，园路主要转折点、交叉点、变坡点的标高和纵坡坡度以及各景点的控制标高等。它是在原有地形的基础上所绘制的一种工程技术图样。

3.园林植物种植设计图

园林植物种植设计图主要反映规划用地范围内所设计植物的种类、数量、规格、种植位置、配置方式、种植形式及种植要求的图纸。它为绿化种植工程施工提供依据，表示设计植物的种类、数量、规格、种植位置及类型和要求的平面图样(图8-3)。

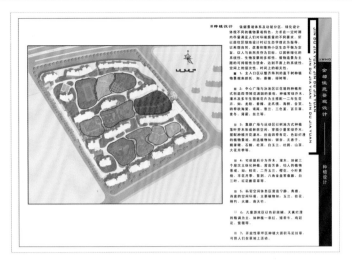

图8-3　浙江金都佳苑居住区景观植物设计分析图

　　园林植物种植设计图是用相应的平面图例在图纸上表示设计植物的种类、数量、规格以及园林植物的种植位置。通常还在图面上适当的位置用列表的方式绘制苗木统计表，具体统计并详细说明设计植物的编号、图例、种类、规格(包括树干直径、高度或冠幅)和数量等。

　　园林植物种植设计图是组织种植施工、进行养护管理和编制预算的重要依据。

　　4.园林建筑单体初步设计图

　　园林建筑单体初步设计图是表达规划建设用地范围内园林建筑设计构思和意图的工程图纸。它通过平面图、立面图、剖面图和效果图来表现所设计建筑物的形状和大小以及周围环境，便于研究建筑造型，推敲设计方案(图8-4)。

　　5.园林工程施工图

　　园林工程施工图的作用主要是在园林工程建设过程中对施工进行指导，主要包括园林建筑施工图、园路工程施工图、假山工程施工图等(图8-5)。园林工程施工图一般在中标后、施工前进行详细的图纸绘制。

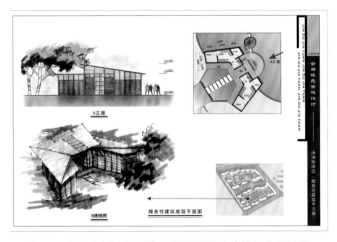

图8-4　浙江金都佳苑居住区景观服务性建筑初步设计图

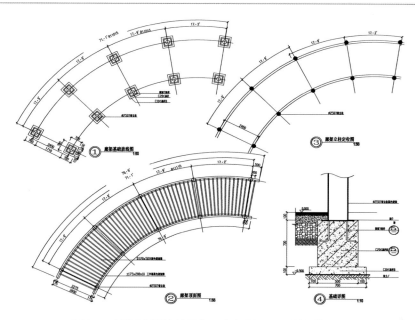

图8-5　浙江金都佳苑居住区廊架景观小品详细施工图

8.1.2　园林景观工程投标文件的书面资料组成

园林工程投标文件是由一系列有关投标方面的书面资料组成的。一般来说，投标文件由以下几个部分组成：

(1) 投标书。

(2) 投标书附录。

(3) 投标保证金。

(4) 法定代表人资格证明书。

(5) 授权委托书。

(6) 具有标价的工程量清单与报价表。

(7) 辅助资料表。

(8) 资格审查表。

(9) 对招标文件中的合同协议条款内容的确认和响应。

(10) 施工组织设计。

(11) 按招标文件规定提交的其他资料。

◆ **法定代表人资格证明书**

在任何一份项目说明书中都应该列在第一位，在这之中，投标人的资质标准被明确地标出，这样那些无资格的投标人就可直接被淘汰(见本项目后教学实例详细表格)。

◆ **授权委托书**

投标人委托投标代理人必须签订代理合同，办理有关手续，明确双方的权利和义务关系(见本项目后教学实例详细表格)。

◆ **投标保证金**

投标保证金是为防止投标人对其投标活动不负责任的一种担保形式，是招标文件中要求投标人向招标人缴纳的一定数额的金钱。如果投标者不能履行其在中标后所签合同中约定的内容，担保金或者保证金就会被没收以作为招标方延误时间与进程的赔偿，而且招标项目也会被再次转招(见本项目后教学实例详细表格)。

◆具有标价的工程量清单与报价表

园林工程量清单与报价表中有园林工程部位需实施的各个项目，也有每个项目的工程量和计价要求，以及每个项目报价和每个表的总计等。此表的用途之一是供投标者报价时使用，为投标者提供了一个共同的竞争性投标的基础。投标者根据施工图纸和技术规范的要求以及拟定的施工方法，通过单价分析并参照本公司以往的经验，对表中各栏目进行报价，并逐项汇总为各部位以及整个工程的投标报价；用途之二是工程实施过程中，每月结算时可按照表中序号、已实施的项目单价或价格来计算应付给承包商的款项；用途之三是在园林工程变更增加新项目或索赔时，可以选用或参照工程量表中的单价来确定新项目或索赔项目的单价和价格(见本项目后教学实例详细表格)。

◆辅助资料表

辅助资料表主要内容包括：

(1) 投标人(企业)近几年的主要业绩。

(2) 项目经理简历。

(3) 主要施工管理人员简历。

(4) 主要施工机械设备简介。

(5) 劳动力计划表，按工程施工阶段投入的劳动力情况。

(6) 施工方案或施工组织设计，投标人应递交完整的施工方案或施工组织设计，说明各分部分项工程的施工方法和布置，提交包括临时设施和施工道路的施工总布置图及其他必须的图表、文字说明书等资料。

(7) 计划开、竣工日期和施工进度表，投标人应提交初步的施工进度表，说明按招标文件要求的工期进行施工的各个关键日期。中标的投标人还要按合同条件有关条款的要求提交详细的施工进度计划。

(8) 临时设施布置及临时用地表，投标人应提交一份施工现场临时设施布置图表并附文字说明，说明临时设施、加工车间、现场办公、设备及仓储、供电、供水、卫生、生活等设施的情况和布置。

◆资格审查表

投标人按照招标公告或投标邀请书所提出的资格审查要求，向招标人申报资格审查。资格审查文件应包括的主要内容有：

(1) 投标人组织与机构。

(2) 近三年完成的工程情况。

(3) 目前正在履行的合同情况。

(4) 过去二年经审计过的财务报表。

(5) 过去二年的资金平衡表和负债表。

(6) 下一年度财务预测报告。

(7) 施工机械设备情况。

(8) 各种奖励或处罚资料。

(9) 与本合同资格预审有关的其他资料。

8.2 园林景观工程投标的技巧

园林工程投标技巧研究，其实质是在保证园林工程质量与工期条件下，寻求一个好的报价的技巧问题。

投标人为了中标和取得期望的效益，必须在保证满足招标文件各项要求的条件下，研究和运用投标技巧，这种研究与运用贯穿在整个投标程序过程中。一般以开标作为分界，将投标技巧研究分为开标前和开标后两个阶段。

8.2.1 开标前的投标技巧

(1) 不平衡报价。

不平衡报价就是在总价基本确定的前提下，如何调整内部各个子项的报价，既不影响总报价，又可以使投标人在中标后尽早收回垫支于园林工程中的资金，获取较好的经济效益。但要注意避免不正常的调高或压低现象，避免失去中标机会。通常采用的不平衡报价有下列几种情况：

①对能早期结账收回工程款的项目(如土方、基础等) 的单价可报以较高价，以利于资金周转；对后期项目(如装饰、电气设备安装等) 单价可适当降低。

②估计今后工程量可能增加的项目，其单价可提高，而工程量可能减少的项目，其单价可降低。

但上述两点要统筹考虑。对于工程量数量有错误的早期园林工程，如不可能完成工程量表中的数量，则不能盲目抬高单价，需要具体分析后再确定。

③园林图纸内容不明确或有错误，估计修改后工程量要增加的，其单价可提高；而工程内容不明确的，其单价可降低。

④暂定项目又叫任意项目或选择项目。对这类项目要作具体分析。因为这一类项目要开工后由发包人研究决定是否实施，由哪一家承包人实施。如果工程不分标，只由一家承包人施工，则其中肯定要做的单价可高些，不一定要做的则应低些。如果工程分标，该暂定项目也可能由其他承包人施工时，则不宜报高价，以免抬高总报价。

⑤单价包干混合制合同中，发包人要求有些项目采用包干报价时，宜报高价。一则这类项目多半有风险，二则这类项目在完成后可全部按报价结账，即可以全部结算回来。而其余单价项目则可适当降低。

⑥有的招标文件要求投标者对工程量大的项目报"单价分析表"，投标时可将单价分析表中的人工费及机械设备费报得较高，而将材料费报得较低。这主要是为了在今后补充项目报价时可以参考选用"单价分析表"中的较高的人工费和机械设备费，而材料则往往采用市场价，因而可获得较高的收益。

⑦在议标时，承包人一般都要压低标价。这时应该首先压低那些园林工程量小的单价，这样即使压低了很多个单价，总的标价也不会降低很多，而给发包人的感觉却是工程量清单上的单价大幅度下降，承包人很有让利的诚意。

⑧如果是单纯报计日工或计台班机械单价，则可以高些，以便在日后发包人用工或使用机械时可多盈利。但如果计日工表中有一个假定的"名义工程量"时，则需要具体分析是否报高价，以免抬高总报价。总之，要分析发包人在开工后可能使用的计日工数

量，然后确定报价技巧。

不平衡报价一定要建立在对工程量表中工程量风险仔细核对的基础上。特别是对于报低单价的项目，如工程量一旦增多，将造成承包人的重大损失。同时一定要控制在合理幅度内(一般可在10%左右)，以免引起发包人反对，甚至导致废标。如果不注意这一点，有时发包人会挑选出报价过高的项目，要求投标者进行单价分析，而围绕单价分析中过高的内容压价，以致承包人得不偿失。

(2) 计日工的报价。

分析业主在开工后可能使用的计日工数量确定报价方针。较多时则可适当提高，可能很少时，则下降。另外，如果是单纯报计日工的报价，可适当报高，如果关系到总价水平则不宜提高。

(3) 多方案报价法。

有时招标文件中规定，可以提一个建议方案，或对于一些招标文件，如果发现园林工程范围不很明确，条款不清楚或很不公正，或技术规范要求过于苛刻时，则要在充分估计风险的基础上，按多方案报价法处理。即先按原招标文件报一个价，然后再提出如果某条款作某些变动，报价可降低的额度。这样可以降低总价，吸引承包人。

投标者这时应组织一批有经验的设计和园林施工工程师，对原招标文件的设计和园林施工方案仔细研究，提出更理想的方案以吸引发包人，促成自己的方案中标。这种新的建议可以降低总造价或提前竣工或使工程运用更合理，但要注意的是对原招标方案一定也要报价，以供发包人比较。

增加建议方案时，不要将方案写得太具体，保留方案的技术关键，防止发包人将此方案交给其他承包人。同时要强调的是，建议方案一定要比较成熟，或过去有这方面的实践经验。因为投标时间往往较短，如果仅为中标而提出一些没有把握的建议方案，可能引起很多后患。

(4) 突然袭击法。

由于投标竞争激烈，为迷惑对方，有意表现一些相反的情报信息。如不打算参加投标，或准备投高标，表现出无利可图不干等假象，到投标截止之前几个小时，突然前往投标，并压低投标价，从而使对手措手不及。

(5) 低投标价夺标法。

此种方法是非常情况下采用的非常手段。比如企业大量窝工，为减少亏损；或为打入某一建筑市场；或为挤走竞争对手，力争夺标。若企业无经济实力，信誉不佳，此法也不一定会奏效。

(6) 先亏后盈法。

对大型分期建设工程。在第一期工程投标时，可以将部分间接费分摊到第二期工程中去，少计算利润以争取中标。这样在第二期工程投标时，凭借第一期工程的经验、临时设施以及创立的信誉，比较容易拿到第二期工程。但第二期工程遥遥无期时，则不宜这样考虑，以免承担过高的风险。

(7) 开口升级法。

把报价视为协商过程，把园林工程中某项造价高的特殊工作内容从报价中减掉，使报价成为竞争对手无法相比的"低价"。利用这种"低价"来吸引发包人，从而取得了与发包人进一步商谈的机会，在商谈过程中逐步提高价格。当发包人明白过来当初的"低价"实际上是个钓饵时，往往已经在时间上处于谈判弱势，丧失了与其他承包人谈判的机会。利用这种方法时，要特别注意在最初的报价中说明某项工作的缺项，否则可能会弄巧成拙，真的以"低价"中标。

(8) 联合保标法。

在竞争对手众多的情况下，可以采取几家实力雄厚的承包商联合起来的方法来控制标价，一家出面争取中标，再将其中部分项目转让给其他承包商二包，或轮流相互保标。但此种报价方法实行起来难度较大，一方面要注意到联合保标几家公司间的利益均衡，又要保密；否则一旦被业主发现，将取消投标资格。

8.2.2 开标后的投标技巧

投标人通过公开开标这一程序可以得知众多投标人的报价，但低报价并不一定中标，需要综合各方面的因素反复考虑，并经过议标谈判，方能确定中标者。所以，开标只是选定中标候选人，并非已确定中标者。投标人可以利用议标谈判施展专业手段，从而改变自己原投标书中的不利因素而成为有利因素，以增加中标的机会。

议标谈判，通常是选两家或三家条件较优者进行谈判。招标人可分别向他们发出通知进行议标谈判。

从招标的原则来看，投标人在标书有效期内，是不能修改其报价的。但是，某些议标谈判可以例外。在议标谈判中的投标技巧主要有：

(1) 降低投标价格。

投标人不是中标的唯一因素，但却是中标的关键性因素。在议标中，投标者适时提出降价要求是议标的主要手段。需要注意的是：其一，要摸清招标人的意图，在得到其希望降低标价的暗示后，再提出降价的要求。因为，有些国家的政府关于招标的法规中规定，已投出的投标书不得改动任何文字。若有改动，投标即告无效。其二，降低投标价要适当，不得损坏投标人自己利益。

(2) 补充投标优惠条件。

中标的关键性因素——除价格外，在议标谈判的技巧中，还可以考虑其他许多重要因素，如缩短工期，提高工程质量，降低支付条件要求，提出新技术和新设计方案，以及提供补充物资和设备等，以此优惠条件争取得到招标人的赞许，争取中标。

教学实例

项目名称：太平洋城A区环境景观设计投标图纸方案

项目概况：

北京太平洋城项目位于北京朝阳区将台乡酒仙桥。项目分三期开发，其中一期A区总占地面积4.577公顷，为板式高层住宅区，总建筑面积191500m²。

区位紧邻东坝河，南侧有50m宽城市绿化隔离带。东南距东四环霄云桥约500m，交通便利，距离望京及CBD区均不超过10分钟车程(图8-6)。

基地分析：

优点：择水而居，这是历来人们对理想居所的向往，本项目紧邻坝河，有良好的区位优势。水在此不仅是景观亮点，也是生态调节器，更是景观设计的主线。50m宽绿化带可以成为小区景观的良好补充，既可隔离城市交通噪声，也可成为小区休闲活动场所。项目附近有成熟的生活配套设施，距离四环、三环及CBD区均不超过10分钟车程，项目主要客户群定位为工作在朝阳区的中高收入人群。

缺点：项目周边项目参差不齐，有高档楼盘，也有建造多年民宅及村民住房，同时由于场地形状不够完整，给使用及管理带来一定困难。

机遇与挑战：

虽然场地有诸多限制，但特殊的地理环境还是为景观设计提供了良好机会。我们力图创造出本项目特有的景观元素及人文形象，同时将坝河水系及城市绿化带纳入整体通盘考虑，在项目一期与二期开发的关联部分予以考虑，保证项目的整体形象。

设计主题：

"宁静致远，返璞归真"。在喧闹的都市生活中享受安宁健康的居住生活，是每个都市人的理想。本项目的景观设计就是希望创造这样的生活空间。考虑住户是有一定经济实力的白领，有相当的修养和内涵，建筑形象以古典美为原则并加以提炼，景观设计基调定为成熟、自然，古典与现代并存，运用自然质朴的材料，创造怡人的空间。在构思过程中，通过与甲方积极沟通，产生了木化石的主题。木化石原为远古时代的森林，与恐龙属同一时代，遇火山爆发沉入海底，经过亿万年演变，化木为石，又经过地壳运动重返地表。我们希望通过木化石生成、演变的历史线索，用象征时间长河的溪流来表达景观设计的主题，并以木化石带给人们的启迪，强化景观主题——平和、自然、超越(图8-7、图8-8)。

景观分区设计：

太平洋城A区景观设计遵从主题构思原则，以木化石成因、演化、重现于世对应不同的景观分区，将整个园区景观贯穿在一起，形成整体风格。同时将其余区域运用同样设计手法，创造具有一定思想内涵和人文精神的景观环境。以下为分区说明。

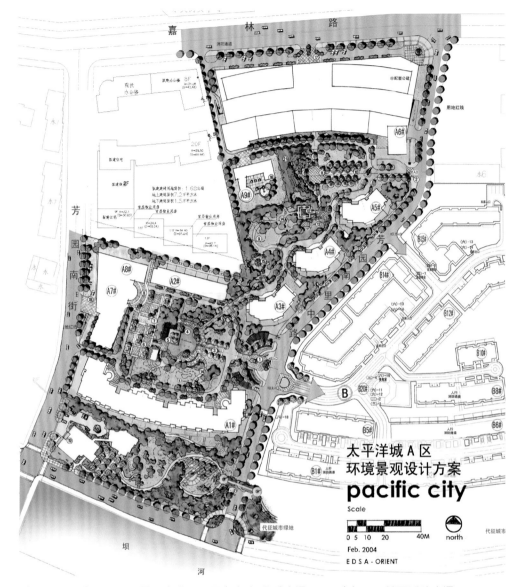

①主入口；②次入口；③景观水道；④涌泉水池(冬季广场)；⑤廊架；⑥林下活动广场；

⑦儿童活动区；⑧会所门前广场；⑨缓坡草地；⑩入口景观道；⑪活动广场；⑫临水方亭；

⑬自然叠水；⑭散步道；⑮儿童活动广场；⑯幼儿园；⑰临街商业入口；⑱会所前广场；⑲售楼处；
⑳沿河绿化带。

图8-6 太平洋城A区环境景观总平面图

图8-7 太平洋城A区环境景观总平交通流线图

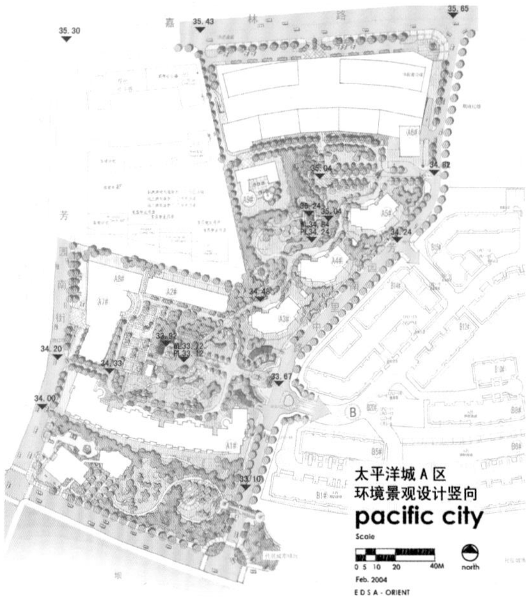

图8-8 太平洋城A区环境景观总平竖向设计图

北区入口区——造化

　　森林遭遇火山爆发，万物在瞬间熔化——这是木化石的成因，也是园区景观的起点：北区入口区下沉广场，几块木化石伫立其中，流水从顶部缓缓流过。水景后有一条林荫道，浓密的树荫下有木质座椅，提供给人们读书交流的场所。林荫道的尽头，有一个大的广场，周边用矮墙分隔空间，可供人们健身活动，是老人和孩子们喜欢去的场所(图8-9、图8-10)。

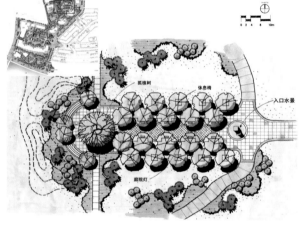

图8-9
图8-10

图8-9 太平洋城北区入口树阵广场平面图

图8-10 太平洋城北区入口树阵广场立面图

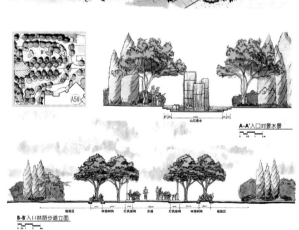

北区溪流——等待

　　从广场往南，到达一处蜿蜒曲折的小溪，这里水清见底，鱼儿嬉戏，岸边依稀可见几块露出地面的木化石。这里溪流仿佛是长长的时间河流，带着我们走过漫长岁月。木化石在亿万年的演变中，慢慢脱木为石。在这里我们设计了卵石浅溪，自然驳岸中穿插着水生植物。这里夏天是孩子们的天堂，冬天的卵石河床也可成为他们游戏的场所。岸边的木质凉亭，质朴清新，依亭而坐，水面微风荡漾，清风徐来。从亭边踏上石板路，两边是微微起伏的草坡，人在其中，如在林中漫步，可以看到四季植物。溪边设计了一处儿童活动场，其中设置了沙坑，攀登小山，让孩子在自己的天地中快乐玩耍(图8-11至图8-14)。

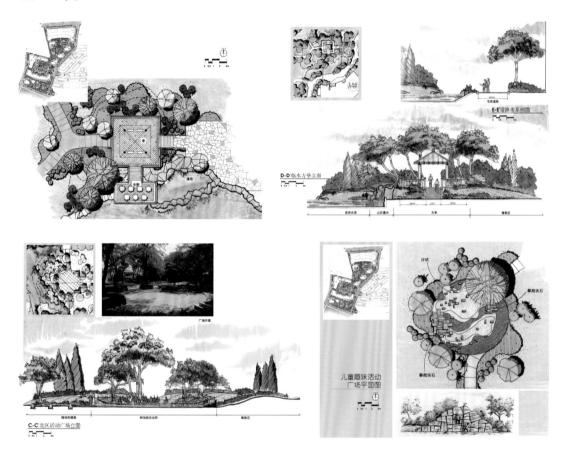

图8-11	图8-12
图8-13	图8-14

图8-11　太平洋城北区方亭平面图

图8-12　太平洋城北区方亭立面图

图8-13　太平洋城北区活动广场立面图

图8-14　太平洋城北区儿童活动广场平面图

南区溪流——重逢

经过亿万年演变和地球的变迁，沧海桑田，木化石终于形成。我们有幸与它相逢，这确实是机缘巧合。在溪流两侧，我们设计了一些形态优美的木化石，它们与溪流相伴，仿佛在夹道欢迎人们的到来。这里设计了一块开阔的水面，溪流在这里汇入水面。水面有喷泉，节日里是欢乐的海洋。此处的驳岸以硬质为主，环绕水面是一处铺装广场，曲线形矮墙可以作为座椅。夜晚来临，水光、灯光、树影在这里交汇，将成为社区活动中心(图8-15、图8-16)。

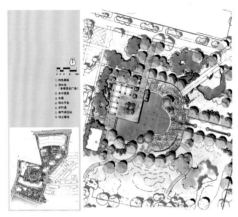 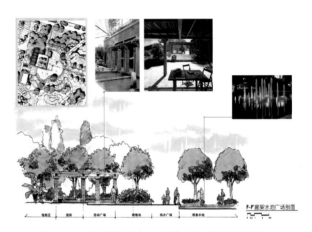

图8-15　太平洋城南区廊架水池广场平面图　　图8-16　太平洋城南区廊架水池广场立体图

南区休息广场——感悟

正对水面的东西轴线东侧是A区主入口，往东是线性水系，窄长的水道铺以深色石材，形成镜池效果反射周围景物，轴线西侧为亲水平台，有木质的铺装及栏杆。中心设置一处木化石雕刻，以点题形式介绍木化石的知识，并提示人们从中得到感悟——自然、超脱。广场后设计的林荫广场为居民提供了交流沟通的场地(图8-17、图8-18)。

图8-17　太平洋城南区廊架水池广场效果图　　图8-18　太平洋城南区石景步道效果图

主入口区

在车库出入口弧墙位置设计了两道弧形水景墙，形成良好的景观入口。小型的入口标志墙细腻而不张扬，体现景观的一致风格。车库坡道维护结构也选用天然材料，以木材、石材贴面体现设计细节(图8-19、图8-20)。

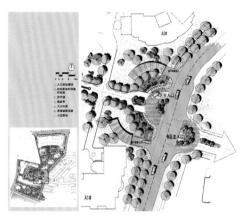

图8-19 太平洋城主入口平面图

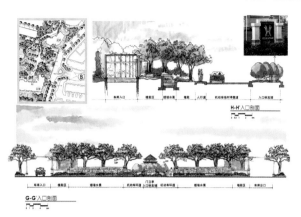

图8-20 太平洋城主入口立体图

景观绿化带：

绿化带以自然起伏的地形，层次丰富的植栽构成绿化空间，其中穿插形态流畅的汀步石散步道，小型的休息空间，供居民使用。A区与B区之间的绿化带考虑通过一座景观人行桥连通，从桥面到路面之间的高度通过土坡形成自然的过渡，结合开花植物，减弱桥体的体量(图8-21、图8-22)。

周边景观及围墙：

A区与B区之间的道路，由于外部通行车辆较少，更宜于设计成内部景观道路。我们将A区局部围墙后退，形成小型休息空间，配合座椅、灯具和标志，既方便使用，又形成富有情趣的街道空间。围墙设计为透空铸铁栏杆，与建筑立面符号形成统一形象(图8-23、图8-24)。

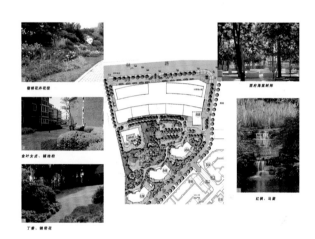

图8-21 太平洋城主要景点植物意向图

图8-22 太平洋城主要景点植物意向图

图8-23　太平洋城围墙图片示意图

图8-24　太平洋城地面铺装示意图

图8-25　太平洋城小品座椅示意图

小品与标志：

场地内小品与标志要自成系统，标志分为两类：车行标志与人行标志。车行标志以交通标志为指示元素，设置在车行出入口，车库出入口等处。人行标志分为小区级——主入口附近；组团级——组团出入口，指示各楼座名称；单元级——单元入口附近。整个标志系统整体风格统一，多以自然材料和古典造型为主调。小品包括花钵、座椅、小雕塑等(图8-25至图8-27)。

图8-26　太平洋城灯具示意图

图8-27　太平洋城指示牌、垃圾桶示意图

园林景观工程投标书格式

建设部〔2002〕256号文《房屋建筑和市政基础设施工程施工招标文件范本》中推荐使用的投标书及投标书附录、工程量清单与报价表、辅助资料表等的样式如下所示，园林工程投标书的格式可参照此进行。

一、投标函

致：__(招标人名称)__

1. 根据你方招标工程项目编号为__(项目编号)__的_____(招标工程项目名称)

_____工程的招标文件，遵照《中华人民共和国招标投标法》等有关规定，经踏勘项目现场和研究上述工程招标文件的投标须知、合同条款、图纸工程建设标准和工程量清单及其他有关文件后，我方愿以(币种，金额，单位)(大写)_____元(RMB_____

_____元的投标报价并按上述图纸、合同条款、工程建设标准和工程量清单(如有时)的条件要求承包上述工程的施工、竣工，并承担任何质量缺陷保修责任。

2. 我方已详细审核全部招标文件，包括修改文字(如有时)及有关附件。

3. 我方承认投标函附录是我方投标函的组成部分。

4. 一旦我方中标，我方保证按合同协议书中规定的工期__(工期)__日历天内完成并移交全部工程。

5. 如果我方中标，我方将按照规定提交上述总价的_____%的银行保函或上述总价_____%的由具有担保资格和能力的担保机构出具的履约担保书作为履约担保。

6. 我方同意所提交的投标文件在招标文件的投标须知中第15条规定的投标有效期内有效，在此期间内如果中标，我方将受此约束。

7. 除非另外达成协议并生效，你方的中标通知书和本投标文件将成为约束双方的合同文件的组成部分。

8. 我方将与本投标函一起，提交(币种，金额，单位)_____元作为投标担保。

投 标 人：_____(签字或盖章)_____

单位地址：_____

法定代表人或委托代理人：_____(签字或盖章)_____

邮政编码：_____电话：_____传真：_____

开户银行名称：_____

开户银行账号：_____

开户银行地址：_____

开户银行电话：_____

日 期：____年____月____日

二、投标函附录

序号	项目内容	合同条款号	约定内容	备注
1	履约保证金 银行保函金额 履约保证书金额		合同价款的（　）% 合同价款的（　）%	
2	施工准备时间		签订合同后（　）天	
3	误期违约金额		（　）元/天	
4	误期赔偿费限额		合同价款的（　）%	
5	提前工期奖		（　）元/天	
6	施工总工期		（　）日历天	
7	质量标准			
8	工程质量违约金最高限额		（　）元	
9	预付款金额		合同价款的（　）%	
10	预付款保函金额		合同价款的（　）%	
11	进度款付款时间		签发月付款凭证后（　）天	
12	竣工结算款付款时间		签发竣工结算付款凭证后（　）天	
13	保修期		依据保修书约定的期限	

三、投标担保银行保函

致：　(投标人名称)

根据本担保书鉴于投标人(投标人名称)作为委托人(以下简称 "投标人")共同向(招标人名称) (以下简称"招标人") 承担支付(币种，金额，单位)＿＿＿元RMB＿＿＿元) 的责任，投标人和担保人均受本担保书的约束。(于＿＿＿年＿＿＿月＿＿＿日参加招标人的(工程项目名称)的投标，本担保人愿为投标人提供投标担保。

本担保书的条件是：如果投标人在投标有效期内收到你方的中标通知书后

1. 不能或拒绝按投标须知的要求签署合同协议书。

2. 不能或拒绝按投标须知的规定提交履约保证金。

只要你方指明产生上述任何一种情况的条件时，则本担保人在接到你方以书面形式的要求后，即向你方支付上述全部款额，无需你方提出充分证据证明其要求。

本保函在投标有效期后或招标人在这段时间内延长的投标有效期后28日内保持有效，若延长投标有效期无须通知本银行，但任何索款要求应在上述投标有效期内送达本银行。

本银行不承担支付下述金额的责任：

大于本保函规定的金额；

大于投标人投标价与招标人中标价之间的差额的金额。

本银行在此确认，本保函责任在投标有效期或延长的投标有效期满后28日内有效，若延长投标有效期无须通知本担保人，但任何索款要求应在上述投标有效期内送达本银行。

银行名称：＿＿＿＿＿＿＿＿(盖章)＿＿＿＿＿＿＿＿

银行法定代表人或负责人：＿＿(签字或盖章)＿＿

地址：＿＿＿＿＿＿＿＿＿＿＿＿＿＿＿＿

邮政编码：＿＿＿＿＿＿＿＿＿＿＿＿＿＿

日期：＿＿年＿＿月＿＿日

四、法定代表人身份证明书

单位名称：＿＿＿＿＿＿＿＿＿＿＿＿

单位性质：＿＿＿＿＿＿＿＿＿＿＿＿

地址：＿＿＿＿＿＿＿＿＿＿＿＿＿

成立时间：＿＿年＿＿月＿＿日

经营期限：＿＿＿＿＿＿＿＿＿＿

姓名：＿＿性别：＿＿年龄：＿＿职务：＿＿

系(投标人单位名称)的法定代表人。

特此证明。

投标人：(盖公章)

日期：＿＿年＿＿月＿＿日

五、投标文件签署授权委托书

本授权委托书声明：我 (姓名) 系 (投标人名称) 的法定代表人，现授权委托 (单位名称) 的 (姓名) 为我公司签署本工程的投标文件的法定代表人授权委托代理人，我承认代理人全权代表我所签署的本工程的投标文件的内容。

代理人无权转委托。特此委托。

代理人：(签字) 性别：＿＿年龄：＿＿

身份证号码：＿＿＿＿＿＿职务：＿＿

投标人：(盖章)

法定代表人：(签字或盖章)

授权委托日期：＿＿年＿＿月＿＿日

六、招标报价汇总表

工程名称：(招标工程项目名称)

序号	表号	工程项目名称	合计(万元)	备注
一		土建工程分部工程量清单项目		
1				
2				
二		安装工程分部工程量清单项目		
1				
2				
三		措施项目		
四		其他项目		
五		设备费用		
六		总计		
投标总报价(大写)： 元				

投标人：(盖章)

法定代表人活委托代理人：(签字或盖章)

日期：____年____月____日

课后练习

依据本次课程项目设计任务书(校园景观设计)，查阅相关资料，把设计完成的校园景观图纸资料部分与书面文字资料部分整合制作成简单的校园景观工程投标书。

项目九 园林景观设计师的营销策略

教学能力目标：

1. 作为设计师应怎样向客户进行销售。
2. 作为设计师如何发掘潜在的客户，如何进行销售决算。
3. 强化并扩大设计师的职业范畴，使设计师在展开和推行设计方案的同时，能多方位思考问题，加强设计成果的兼容性，保证园林景观设计的顺利推行和最终实现。

项目介绍

设计师与客户进行设计和预算等方面的沟通过程，我们这里引申为营销过程，它是设计过程的一个延伸。在整个沟通过程中，也只有设计师本人能够就设计方案向顾客做出更好的解释。

项目分析

一位好的设计师在理解客户意图的同时，还要能够将客户的意图转换为简单的语言复述给客户，并引导客户去理解，不然再好的作品也可能被一时的不解而被抹杀，换来的却是无穷无尽的修改。而且一位好的设计师，其任务是培养潜在客户对景观设计的需求，与此同时刺激他们对景观的渴望。一位优秀的园林景观设计师就像一位老师，总是在不断地培养客户对其所销售的产品和服务的需求和渴望。因为只有当设计方案被卖出时，设计才真正地完成，所以大多数园林景观设计师都对销售有着天生的兴趣，多数对自己的作品有很强自信的设计师，还会对其创作的作品的最终实施表现出极大的热情。

让设计师扮演好一位销售人的角色，可以缩短项目的周期，提高工作效率，甚至节省人力开支，这对于一支创业初期的团队而言是很有吸引力的。而且许多现代园林景观设计公司或建筑公司也更愿意雇佣那些同时具有销售能力的园林景观设计师。

项目相关知识

9.1 引导消费

设计师作为沟通客户的桥梁，对于客户和工程都有一定的重要意义。现实生活中，销售是一种双方互益的商业行为。对于某一园林景观设计建造产品的销售人员往往受到需求和渴望两方面因素的影响，只是各自的影响程度会有所不同。今天广大公众越来越意识到由私家庭院带来的环境、生态及其他方面的利益。为使贫瘠地块再度草木葱茏，不断增长的城郊居住人士为此做出了不懈的努力，而这在很大程度上也刺激了对园林景观的需求。园林景观设计建造成为大众的渴望是不争的事实。

设计师们应该是日常消费生活趣味的追随者和注释者，更应该是新的生活趣味和审美趣味的积极倡导者。沉醉于日常的物质生活本身，不仅是设计师作为一个消费结构引导角色的权利，在日常消费生活中享受审美的趣味，是设计师作为的一个审美欣赏者角色的权利，而对日常生活中的审美现象作出冷静的思考并且进行积极地引导，更是设计师们应尽的义务。通常被传统观鄙视的随波逐流，投人所好，甚至哗众取宠，却是体现投资家素质表现力水平的惯用伎俩，也是身为设计师的市场体系在设计实战意义上的熟悉水平面上理所应该做到的。

9.1.1 快速设计引发的销售

本书涉及的是在正规设计组织安排下完成的园林景观设计，但是一些从事实践工作的园林设计师会经常发现，顾客想要的并不多。因此许多造园问题常常是通过草绘图在现场解决的。

许多最完美的园林景观设计都是以最快的速度在草纸上完成的。有经验的设计师会发现他们最好的灵感来自第一反应，而花过多的时间可能会产生相反的效果。当在现场完成一个快速设计时，表现效果可能会在一定程度上有所降低，此时，成功的销售则更多地依靠设计师或销售人员的语言表达技巧。当然，结果自然在很大程度上节省了设计程序和时间。对大多数园林景观公司来说，时间的节约是最大的节约。如果能够保证设计质量，这种节约当然是受欢迎的。而经验丰富的设计师对图纸上的设计意图进行语言描述一般都没有困难。由于快速设计能力的不断提高，设计师有了更多的设计自信——这种自信在语言交流中又得到更好的体现。

快速设计可能以许多不同方式来完成。一些仅仅是在任何可以利用的图纸上画出大致的平面图。另一些则是在图纸上画出平面图，这样可以更容易确定画图比例。还有一些是在复写拷贝纸上完成的，这样顾客和设计师便可以各自保留一份。个别公司规定只能口授工作规程。一些公司不愿意给顾客设计图的复印件，除非该商品及其服务已经售出。他们害怕顾客会将设计图拿到别处进行造价估算，从而使得竞争对手获利，因为对手将不承担设计和促销费用。

如果设计师能画出规划园林景观的效果手绘草图、立面图或轴测图，会有利于销售的进行(图9-1)。而花费的这些绘图时间对于增进图纸的沟通是值得的。正像俗话说的：一幅画胜过千句话。然而，在顾客眼中绘图的质量很能代表设计者设计项目的态度，因此保证快速完成的手绘草图或图纸都必须具有很高的质量。

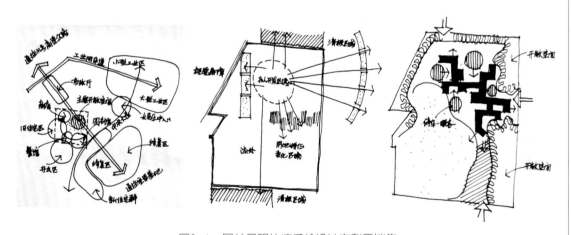

图9-1 园林景观快速手绘设计有利于销售

9.1.2 发展顾客

吸引潜在顾客对提高公司的销售量是必要的，这个过程经常被称作开发。开发有多种方式，大多数企业都是同时使用这些方式。

(1) 广告。

每个园林景观公司都会使用一定形式的广告来吸引顾客。广告可以利用许多媒体，其实质就是借用各种方法将公司的名字展现在公众面前。习惯上，我们所想的广告形式，即广播、电视中的商业广告节目，报纸、杂志上的广告，以及直接邮寄给潜在顾客的邮递广告。但是，广告也包括商业名片、带名头的信纸或信封，建筑物和车辆上的标志，电话本上的目录，以及其他任何展示公司名字的方式。好的口碑也许是园林景观行业中最有利的广告形式。当一位满意的顾客向其他人推荐一家公司时，这种影响无疑是深刻的。许多商家往往会采用几种广告形式去吸引潜在顾客。

(2) 直接联系。

许多公司通过与潜在顾客直接联系来发展业务。在潜在顾客没有任何压力的情况下，直接联系这一开发方式常常是最成功的。销售人员仅仅需要使顾客知道公司的名字和位置、提供的产品和服务，并表明接手服务的愿望。当然留下一张名片或者带有公司名称、电话、地址的宣传手册常常会很有帮助。这种"软式销售"是一个极好的方式，不会冒犯任何人，至少确保潜在顾客知道公司的存在。

9.2 设计师的营销策略

9.2.1 销售宣传

(1) 建立需求和渴望。

人们对于园林景观的许多需求实际上是在设计过程中由房产所有者自己发现的。事实上，在设计过程的最初阶段，当场地分析和人群需求分析完成后，设计师便开始引导房产所有者去发现他们自己对园林的需求。在此之前，屏蔽、防风、遮阴及围合等基本需求对于他们而言还不是很清晰，但当他们同设计师讨论这些问题时，他们就开始逐渐地培养起了评价一个优秀园林作品的能力。只要设计师能够细心地与他们进行有效的口头和书面交流，对于房产所有者来说，整个设计过程就应该是他们的一段学习经历。

园林设计师应向顾客提出询问，以便建立起相关的设计标准，那么设计师——销售人员也就应该注意为什么这些问题会被提出。设计师对这些问题不断地思考和强调，不仅可以教给顾客一些造园的基本原则，还可以根据原则满足需要。

(2) 沟通交流。

在整个设计过程中，设计师要与顾客保持经常的联系，向顾客报告设计进程，进一步征求意见，或向顾客解释设计构思(图9-2)。如果设计师几周都没有积极的表现，顾客自然会很快失去兴趣。在设计之初，顾客的兴趣一般很高，但如果设计过程一拖再拖，设计师又不与顾客联系，那么顾客也会很快兴趣索然。如果顾客的欲望消失了，即使他仍旧承认对园林的需求，但销售仍会变得更加困难。

图9-2　设计师/销售人员正在向顾客介绍设计方案

　　设计师在绘制草图前，会先向顾客展示他们园林设计方案的粗略图样。目的是为了让顾客先接受他们的构思，之后再花费大量时间去制图。然而，另一些人却认为，顾客不易接受粗略的图样上所表现出来的思想，而更易接受那些整洁、清晰地表现在一个精致完美的制图中的构思。基于此，多花费制图时间是值得的，因为它可以减少重新设计的次数，这些设计师还相信，如果在分析和设计阶段处处小心谨慎，那么最初的设计便应该是他们能够为设计提供的最好方案。

　　无论采用哪种方法，都要记住这是园林景观设计师的一种交流手段。带有补充说明文字，并且附有尽可能完美的制图或植物绘图的规划方案无疑将成为对顾客进行销售宣传的一部分材料。如果准备得好，精致的园林景观规划方案应该能够详细准确地让顾客了解到园林设计的最终形式。尽管如此，设计师还应始终牢记，他们可能需要帮助那些不能熟练看懂园林规划方案的顾客去概括和理解所有的以绘图形式表达的相关内容。

　　当设计方案第一次展现在顾客面前时，设计师/销售人员的角色便是一个解说员。他们应该向顾客详细认真地解释设计图上的每一个符号，这样顾客才能更好地理解设计意图，从而，更好地领会园林方案所能满足的功能需要。而且，顾客对设计方案理解得越深入，越能刺激他对最终设计产品的期待。

　　(3) 按顺序介绍设计内容。

　　当销售人员向顾客展示设计方案的时候，设计师应该认真地按顺序介绍设计内容，从该设计方案的一个特征着手并且贯穿到其他全部。环境功能需求要放在首位，再详细全面地介绍所有的环境分析，如遮阴、防风、太阳光热及分隔单元。接着，需要介绍功能区域划分，设计师应阐明如何运用每个区域空间，以及如何按使用意图确定空间区域的规模大小和形式的。在这个过程中，设计者应始终清醒地意识到这些单元的功能用途是在设计分析中由顾客个人提出的。只是设计师强化了顾客的需求，以使顾客更容易做出购买的决定。道路循环系统应该是接下来要介绍的内容。在这一部分中，设计师应该让顾客了解到在设计的园林景观中，顾客可以怎样轻松地到达其中的每个地方。在这里应该与顾客讨论景观的规模大小、造型和结构，还有行车道、停车位和步行道的布局。

植物配置在介绍环境特色建立、区域划分时已有所提及。而此，这时便可以分别讨论每个植物的作用。这个讨论要有足够的深度，使得顾客能够在脑海中形成每种植物的画面。当然，植物配置的绘画会很有用，但也要有足够的文字说明，以帮助顾客在其头脑中能够对于植物构成的总体特征形成一个印象。

最后，要研究讨论的是园林景观的装饰。其中许多装饰可能已经包括在顾客所提出的建议中，因此，他理解起来会很容易。但这部分提出还是明智的，因为这样可以让顾客意识到他们是设计过程的一部分，并能更好地理解设计目的。

(4) 表现方式。

在销售培养过程中，彩色的表现方式是很重要的。色彩是设计者可运用的特征要素之一，这也是大多数顾客最喜欢的。对顾客来说，形式和规格是重要的，并且也十分容易领会，而色彩则是他们记忆最深的。相比之下，质感则较难描述，并且也经常会影响顾客对方案的理解。

在就功能需求和个性特征方面对园林景观规划方案的特点进行仔细研究后，最好还要对设计的重要部分进行仔细评估。例如，如果一排灌木是按着整个生长季节的开花顺序设计的，那么设计师／销售人员就应重点强调一下花期顺序。这样顾客希望在整个生长季节能够看到花开的渴望就被激发起来了。销售园林景观的优势之一，便是出售的产品具有自然的美感，并于人们的生活有益。因此，只要强调设计产品的多功能性和它所表现出的自然美，设计师很容易就能激发起顾客的购买欲望。

(5) 问题和异议。

在销售宣传中，应该鼓励顾客提出问题。有问题才表明真正有兴趣，进而对答案的记忆也会深刻。

反对意见通常都是在销售宣传过程中有顾客提出的。这些异议有些是源于对设计中某一对象可行性的真正怀疑，有些则是源于顾客的财政预算问题。另外还有些时候，顾客仅仅是想对某些功能进行进一步的确定。不管出于何种目的，销售人员都不应该将这些异议当成是消极的反应。相反，应该把它看成是一种真正的有利条件。因为产生的每个异议都给销售人员提供了一个机会，他们完全可以通过提供可行性的、积极的解决方法来强化顾客的销售观念。通过针对意见提出解决办法的方式，销售人员能够更明确地向顾客灌输这种需要，从而进一步刺激顾客头脑中的购买欲望。有时，顾客产生异议只是出于对于自己购买欲的抑制。销售人员则完全可以通过积极的、可行的解决方案打消这种购买顾虑。

销售人员进行销售介绍时，必须将价格提供给顾客。价格经常成为一些无经验的销售人员的绊脚石，因为他们不太习惯提到钱的问题。如销售人员总是试图猜测顾客能够愿意承担的费用数量，这种状况尤其可能发生。对销售人员来说，不去过早考虑顾客对价格的反映是非常重要的，只有顾客才最有决定权。因此尽管标明价格，而将全部的决定权留给顾客。

销售人员在销售宣传中的语气也是非常重要的。最好的语气应该是放松的、对话式的。因为设计师／销售人员和顾客打交道的时间最长，所以他们也更容易采取合适的语气。同样，也要避免情绪紧张的交谈，语气语调上的突然变化，过度的礼貌谦卑，或粗俗的抱怨。任何一种错误都能很快地将销售宣传变成一种叫卖，从而使顾客变得机警小心。

9.2.2 销售战略

(1) 态度。

园林景观公司大体有两种销售态度。一种是积极的销售态度即公司对消费个人和向消费者提供的销售服务都采取积极的态度。不要将此与强制销售策略相混淆。但积极销售很可能会与强制销售方法纠缠不清，因此大多数公司还是选择较为缓和的销售方式。积极销售仅仅意味着以一种热情进取的精神将尽可能多的商品出售给尽可能多的顾客。

消极的销售态度也常被一些园林景观公司所采用。这些公司可能会采用一些传统性的广告，如电话簿、公司名片及其他印刷材料，但他们不会主动地通过其他方式争取商业客户。这些公司通常在本行中已有较长的历史，已建立了良好的信誉，常常是等待顾客上门联系。

不管个别公司的销售态度如何，若想使销售工作取得成果，都必须预先有一大批潜在的顾客群。在园林景观行业的经营活动中，无论是设计还是销售阶段，对待顾客的态度应该是一致的。因此，设计和销售在现代园林景观经营中是被紧密联系在一起的。

(2) 消费对象对销售方式的影响。

销售方式很大程度上取决于消费群体的规模和组成。销售给个人完全不同于销售给两人或团体，更不同于销售给商家。在进行销售之处，了解一些基本的销售战略是很有帮助的。

一个单身房主仅仅会提出来自单方面的好与坏，单方面的需求和期望。因此成功地向个人进行销售只需要发现这些需求和期望，并根据它们实施相应措施。顾客在购买过程中出现的异议也相对容易解决。

通过观察一个顾客的财产情况可以对他有个很大程度的了解。顾客的穿戴是华贵还是朴素；家具是趋于实用还是更精致、更具有装饰性；主人的车是经济型的还是豪华型的。虽然这些不能完全表明顾客对园林景观的喜好，但是对财产状况的观察或许至少能显示一些购买倾向。这样就可以更有针对性地进行销售宣传。

跟顾客进行一些随意的交谈是有益处的，但是有煽动性的谈话还是要尽可能地避免。销售人员不应该与顾客发生争论。一旦顾客表现出愿意进行一些商务讨论，销售人员就应继续进行，并且不要偏离主题。

一些销售行为之所以成功，其部分原因还在于售后服务。向顾客进行电话回访，以确定他们的满意程度，除了说明销售人员想把工作做得更好外，这些电话还会显示公司对工作的自信。一旦出现了问题，销售人员也更容易及时解决。

(3) 向两人进行销售。

面向两个人的销售不同于面向一个人，最根本原因是你要面对两种个性。可能会同时存在来自两方面不同的需求和期望，同时还要面对来自两方面的异议。

正常情况下，两个人中有一个人在处理事情时占主要地位。销售人员的任务就是使主要人物达到满意。通常表现出极大热情、并询问最多相关问题的人也就是在决策中起主导作用的人。而这个人的肯定态度则表明销售人员已经找到了说服另一个人的同盟。

另一个人可能会提出多数的反对意见，而这些反对意见必须处理得当。拙劣的回答将不会对改变反对者的观点起到丝毫作用，相反还可能打消客户的热情。

两人的商议常常可能引起争论。在这种情况下，销售人员应该小心回避，以免卷入任何一方。支持两者中的任何一个人，其结果往往会减少促成销售的机会。

(4) 向团体进行销售。

每个团体可能会由三个不同的部分组成：倡导者、大多数、反对者。当向某一团体进行销售时，销售员的首要任务是要分清倡导者和反对者。倡导者通常是态度或说服力都很强的人物；如果倡导者表露出积极的购买态度，那么就对促成销售非常有利。而反对者提出的反对意见，则会给销售人员提供足够的机会去消除那些大多数沉默者可能存在的疑惑。

大多数人很少参与讨论，但是做出最终决定时却有着不可忽视的作用。因为在此之前，通常会进行一些私下个人讨论，此时销售人员也只能提供尽可能有说服力的事实依据。通常，做好倡导者和反对者的工作，销售员就应该能够预测出结果了。

向大的团体展示园林景观规划方案，在视觉效果方面的要求无疑具有独特的挑战性。一套方案自然不可能满足所有成员的需要。比如坐在离方案很远地方的人肯定无法看到细节。因此需要特别准备一张容易看见的，放大的方案图，或将一套图纸分发到每个成员手中。效果最令人满意的做法是做一套幻灯片，将设计方案显示在屏幕上。以这种方式，销售人员就能强调每一个细节，并确保所有成员能找到正确的位置。另外，一些附加的图示也是很有作用的。

(5) 向商家进行销售。

商家也是有喜好的个体。但是不同于房主，商家总是倾向于将其商业网点的园林景观当成与他个人的家完全不同的东西。因此，任何能够想到的使商家可以通过商业园林景观实现利润增长潜力的办法，都应该用做提高销售成功的机会。

应该以一种宣传教育的方式向顾客指出那些潜在的、能够刺激利润增长的园林景观设施。这种信息应该简洁、明了，但不要忽略重要的细节。另一点值得注意的是，商家多数时间安排得都很紧凑，他们同样希望这种工作状态能够得到尊重。因此，花过多的时间并不一定会促成销售。

对商人而言，书面的造价估算、支付期限、交付使用和进程时间，可能比对于个人更为重要。因为商人习惯于处理书面文件，他们喜欢将所有条款以文字形式表达出来。

9.2.3　设计师/销售人员的素质

尽管销售人员有许多种类型，但一个人还是应该培养和发展某些独具的特质以获得更大的成功。如：

①优秀的销售人员要清楚地了解销售产品和提供服务的内容。要具有向顾客进行宣传的能力，并能很好地回答顾客的问题和异议。当然合格的设计师对此是没有问题的。

②好的销售人员应该是好的老师。他们具有使顾客了解其提供的产品和服务的能力，可以使销售人员帮助顾客建立起他们的需求和渴望，并最终使销售成为可能。

③好的销售人员应该充满进取精神和热情。积极主动的销售并不总是令人讨厌的。敏感和热情是关键。

④好的销售员必须诚实。对价格、交货日期，质量等承诺不能改变。一次不守承诺的行为要比十次坚守承诺的行为影响力更长久。

⑤好的销售员必须表达清晰。简明扼要的沟通交流会是可贵的。相反，说话过多和过多的行话可能会影响销售。

⑥简洁的装束很重要。无用的东西会转移注意力，销售员的目的是让顾客将注意力集中在讨论园林设计上。因此衣着要适合工作。当然园林销售人员也并不需要职业装。

⑦好的销售员要对顾客的反应敏感。虽然最初否定的反应并不会妨碍销售员最终促成销售的实现，但必须学会不要成为一个令人讨厌的人。销售员必须会判断顾客的反应。

⑧一个好的销售人员应该永远想着向顾客表示感谢。因为真诚的感谢常常会打动顾客。这种表达也会影响顾客对销售人员的看法，从而影响顾客如何向他人评说公司。

⑨一个好的销售人员永远不会忘记顾客。因为顾客也许需要更多的产品和服务，或者顾客的朋友可能正在考虑购买相同的产品。

⑩一个好的销售人员要对他的顾主忠诚。消费者会很容易识别出那些不忠诚的人，并对此表示不满，而且很容易联想到该销售人员也会如此欺骗他们。

成为一个成功的园林景观销售人员没有特殊的秘诀。在许多情况下，和园林景观设计过程一样，销售也是一个解决问题的行为。发觉人们喜欢和需要的，然后尽可能地满足他们，这样销售工作基本上就完全实现了。简而言之，只有对顾客和顾客经济状况予以充分考虑，然后据此设计出最适合的园林景观，销售过程才会变得相对顺利。当向顾客很好地宣传了设计意图和目的后，销售就会有成果。

9.2.4　有关销售的注意事项

设计师或销售人员多听少讲经常会使销售进行的更顺利。也许，销售人员的形象应该是一位诚挚的听者，而不应该是能言善辩的、过分开朗的、虚伪的。正如前面所提及的那样，只要认真聆听、仔细观察顾客的需求和期望，然后尽可能地予以满足，那么销售会变得非常容易。因为一个优秀的园林设计师也同样需要具备这些素质，所以设计和销售工作结合在一起也是很自然的。

设计师经验分享

园林景观销售是设计过程的延伸，因为设计师对自己的设计最为了解，并且对设计的最终落实自然也有极高的兴趣。

在设计过程中使顾客长期等待而不与之进行联系，只会降低促成销售的可能性。

销售员是解释园林规划方案和说明所要表达的设计意图的最好的解说员。

只要保持高水平的设计和表现效果，并通过适宜的语言沟通进行完善，快速的园林景观方案设计也能产生良好的设计和销售。

相关信息应被仔细地排好顺序，这样房地产所有者(客户)才能理解全部园林景观要素的功能目的。

虽然色彩、质感和形式都是在设计过程中所应用的主要外貌特征，但销售人员还是应该更多地强调色彩和形式，因为质感对于初次接触园林的人来说是比较难理解的。

在进行销售的过程中，应该鼓励提问题。针对提问做出的回答更容易被记住。

销售人员应将反对意见视为机会。对反对意见的回答应总是切实可行并且积极主动的。

成功的销售人员应具备一些特定的而且是非常重要的素质，它包括诚实、宣传能力、对于产品及服务的了解、热情、准确的语言表达能力、整洁的习惯等等。这些素质中有许多是能够培养的。

开发市场预测是一种商业企业搜索潜在消费者的行为活动。各种各样的广告手段和直接接触联系是最常见的开发(市场预测)方式。

公司都会采取积极或消极的销售态度，这依赖于公司是否需要培养潜在顾客和完成产品销售。

销售策略因销售对象的规模和组成不同而不同。一人、两人、团体和商家都有与之相对应的促销手段。

如果向一群人销售园林规划方案，就必须认真考虑做展示的绘图的形式。

可用高质量的效果图、立面图或轴测图来帮助销售人员解释设计意图。

课后练习

依据本次课程项目设计任务书(校园景观设计)，把设计完成的校园景观工程投标书制作成多媒体文件(可以是PPT或FLV格式)。两人一组，以对方为自己的客户，将设计方案与设计理念以设计师的形式销售给对方。

项目十 园林景观艺术设计欣赏

教学能力目标：

1. 通过对范例的综述，了解每个园林景观类型的共性与不同。
2. 通过学习，力求能够举一反三地应对各种园林景观设计类型。

10.1   私家庭院设计

随着人们生活水平的不断提高，人们对居住环境的要求也越来越高，家居庭院绿化也日益受到人们的关注。生活的美好，环境的舒适是每个人都渴望实现的梦想，当有了一套新居，一座属于自己的庭院，每个人都想让它成为绿色、健康的休闲之所，而一个好的庭院设计，往往也会成为主人品位的象征。

庭院面积的大小，建筑风格等都会对庭院风格设计产生影响。与建筑物一样，庭院也有不同的风格，目前从文化特征上可总结为亚洲的中式和日式、欧洲的法式和英式等风格。

10.1.1   中式庭院

中国传统的庭院规划深受传统哲学和绘画的影响，甚至有"绘画乃造园之母"的理论，所以中式庭院有着浓郁的古典水墨山水画意境。最具参考性的是明清两代的江南私家园林。此段时期的园林代表作品有无锡寄畅园、苏州拙政园、扬州影园，其审美特点是"接近自然"。中式庭院有三个支流：北方的四合院、江南园林、岭南园林(图10-1至图10-3)。江南园林成就最高，数量也最多，构图上以曲线为主，讲究曲径通幽，忌讳一览无余。庭院景观依地势而建，注重文化积淀，讲究气质与韵味，强调点面的精巧，追求诗情画意、清幽平淡和质朴自然的园林景观，有浓郁的古典水墨山水画意境。

图10-1   北方四合院，院落宽绰疏朗，四面房屋各自独立，彼此之间由走廊连接，起居十分方便

图10-2   江南的私家庭园继承了唐宋写意山水园林的传统，着重于运用水景和古树、花木来创造素雅而富于野趣的意境，因景而设置园林建筑，并巧于借景

图10-3   由自然景观所形成的自然园林和适合于岭南人生活习惯的私家园林，不同于北方四合院的壮丽，江南园林的纤秀，而是具有轻盈、自在与敞开的岭南特色

10.1.2　美式庭院

　　美国人的先民们从遥远的欧洲来到这块新天地，为了逃避欧洲的腐败堕落，在没有欧洲封建的宗教和制度的种种束缚下，去开拓一片崭新的世界。他们在这片广阔的天地间获得了最大的自由释放。面对整片荒野，他们感受到原始自然的神秘博大，心灵受到强烈的震撼。自然的纯真、朴实、充满活力的个性产生了深远的影响力，造就了美国充满自由、奔放的天性。美国人对自然的理解是自由活泼的，现状的自然景观会是其景观设计表达的一部分，给都市营造了安静的生活场景。所以美式庭院如同一幅大气、浪漫、豪放的油画(图10-4)。

图10-4　美式庭院如同一幅大气、浪漫、豪放的油画

10.1.3　日式庭院

　　日式庭院受中国文化的影响很深，也可以说是中式庭院一个精巧的微缩版本，细节上的处理是日式庭院最精彩的地方。此外，由于日本是一个岛国，这一地理特征形成了它独特的自然景观，较为单纯和凝练。日本人对自然资源的珍爱可以从他们对任何自然材料的特性挖掘中看到，草是经过疏理精心种在石缝中和山石边的，它要突显自然生命力的美；树是刻意挑选、修剪过的如同西方艺术的雕塑般有表情含义，置于园中，它是关键，要以一当十。同样石材也是精心挑选的，它的形态质感、色彩组合要提炼成神化的山水，不是自然恰似自然的景地，太多的人工的痕迹，反倒衬出了浓缩的自然体验，纯净化的景象留下了大片思想的空白，这也就是东方景观的特征，所以称日式庭院是洗练素描(图10-5至图10-7)。

图10-5　日式庭院中有名的就是枯山水庭园，它受禅宗思想影响，以我国北宋山水画作为借鉴的写意庭园——洗练素描

图10-6 平庭，一般布置于平坦园地上，有的堆土山，有的仅于地面聚散一些大小不等的石组，布置一些石灯笼、植物和溪流，象征山野和谷地的自然风貌

图10-7 茶庭，只是一小块庭地，单设或与庭园其他部分分开，一般面积很小，布置在平庭之中，四周有竹篱围起来，有庭门和小径通到最主要的建筑即茶屋

10.1.4 英式庭院

英国是岛国，地形多变，气候温暖湿润，土地肥沃，花草树木种类繁多，由于植物栽植容易，所以英国园林多以植物为主题。英式庭院向往自然，崇尚自然，讲究园林外景物的自然融合，把花园布置得有如大自然的一部分，称之为自然风景园。18世纪后半期，受自然主义和浪漫主义文艺思潮的冲击，这种园林形式进一步发展成为图画式花园，基本原则是"自然天成"，无论是曲折多变的道路，还是变化无穷的池岸，都需要天然的图画式花园。所以英式庭院中没有浮夸的雕式，没有修葺整齐的苗圃花卉，更多的是如同大自然浑然天成的景观。大面积的自然生长花草是典型特征之一(图10-8)。

图10-8 英式庭院，自然风景园，图画式花园

10.1.5 德式庭院

德国的景观是综合的、理性化的，按各种需求功能以理性分析、逻辑秩序进行设计，景观简约，反映出清晰的观念和思考。简洁的几何线、形体块的对比，按照既定的原则推导演绎，它不可能产生热烈自由随意的景象，而是表现出严格的逻辑，清晰的观

念，深沉、内向、静穆。自然的元素被看成几何的片断组合，但这种理性透出了质朴的天性，是来自黑森林民族对自然的热爱，自然中有更多的人工痕迹表达，自然与人工的冲突给人强烈的印象，思想也同时得到提升。所以称德国的景观设计充满了理性主义的色彩——精巧版画(图10-9)。

图10-9　德式庭院，充满了理性主义的色彩——精巧版画

10.2　居住区景观设计

居住区景观是居住区环境的重要组成部分。随着生活水平的提高，生活方式的改变，人们也越来越关心居住的环境。环境景观在居住区中发挥着重要的作用，一天中人有一半甚至三分之二的时间花费在住区中，居住区环境景观质量直接影响到人们的心理、生理及精神生活。当前对居住环境的要求集中反映在五个方面，即交通便利、居住安全、户外环境清洁优美、购物便利、在住宅区当中有交往活动空间。

10.2.1　居住区景观的设计原则

居住区景观设计包括对所在地自然状况的研究和利用、对空间关系的处理和发挥、与居住区整体风格的融合和协调。这些方面既有功能意义，又涉及视觉和心理感受，具体体现在以下几方面：空间组织立意原则，体现地方特征原则，使用现代材料原则，点、线、面相结合原则。

(1) 空间组织立意原则。

景观设计必须呼应居住区设计整体风格的主题，硬质景观要同绿化等软质景观相协调。不同居住区设计风格将产生不同的景观配置效果，现代风格的住宅适宜采用现代景观造园手法，地方风格的住宅则适宜采用具有地方特色和历史语言的造园思路和手法。当然，城市设计和园林设计的一般规律诸如对景、轴线、节点、路径、视觉走廊、空间的开合等都是通用的。同时，景观设计要根据空间的开放度和私密性组织空间。如公共空间为居住区居民服务，景观设计要追求开阔、大方、闲适的效果；私密空间为居住在一定区域的住户服务，景观设计则须体现幽静、浪漫、温馨的意旨(图10-10)。

图10-10　本项目在安徽省合肥市政务新区中心地段，紧邻公园，是一个很适合居住生活的环境。采用"低技"的景观策略来营造中国传统的画境，将私人独享的"江南园林"变成了居住区里的公共花园

(2) 体现地方特征原则。

景观设计要充分体现地方特征和基地的自然特色。我国幅员辽阔，自然区域和文化地域的特征相去甚远，居住区景观设计要把握地域特点，营造出富有地方特色的环境。如青岛的"碧水蓝天白墙红瓦"体现了滨海城市的特色；海口的"椰风海韵"则是一派南国风情；由于的"小桥流水"则是江南水乡的韵致。居住区景观还应充分利用地形地貌特点，塑造出富有创意和个性的景观空间(图10-11至图10-13)。

图10-11　青岛卓越群岛小区景观　　　　　　图10-12　海南三亚亚龙湾公主郡

图10-13　苏州市"东方墅"居住小区，作品提取苏州园林精华，借用苏州园林的缩景手法，在有限的空间内点缀安排，移步换景，变化无穷，给人以小中见大的艺术效果

(3) 使用现代材料原则。

材料的选用是居住区景观设计的重要内容，应尽量使用当地较为常见的材料，体现当地的自然特色。在材料的使用上有几种趋势，①非标制成品材料的使用，②复合材料的使用，③特殊材料的使用，如玻璃、萤光漆、PVC材料，④注意发挥材料的特性和本色，⑤重视色彩的表现，⑥DIY(Do It Youself)材料的使用，如可组合的儿童游戏材料等。当然，特定地段的需要和业主的需求也是应该考虑的因素。环境景观的设计还必须注意运行维护的方便。由于一个好的设计在建成后因维护不方便而逐渐遭到破坏，因此，设计中要考虑维护的方便易行，才能保证高品质的环境日久弥新(图10-14)。

图10-14 四川昆山绿地起航社区

(4) 点、线、面相结合原则。

环境景观中的点，是整个环境设计中的精彩所在，这些点元素经过相互交织的道路、河道等线性元素贯穿起来，点、线景观元素使得居住区的空间变得有序。在居住区的入口或中心等地区，线与线的交织与碰撞又形成面的概念，面是全居住区中景观汇集的中心。点、线、面结合的景观系列是居住区景观设计的基本原则。

在现代居住区规划中，传统空间布局手法已很难形成有创意的景观空间，必须将人与景观有机融合，从而构筑全新的空间网络：①亲地空间，增加居民接触地面的机会，创造适合各类人群活动的室外场地和各种形式的屋顶花园等(图10-15)。②亲水空间，居住区硬质景观要充分挖掘水的内涵，体现东方理水文化，营造出人们亲水、观水、听水、戏水的场所(图10-16)。③亲绿空间，充分利用车库、台地、坡地、宅前屋后构造充满活力和自然情调的绿色环境(图10-17)。④亲子空间，居住区中要充分考虑儿童活动的场地和设施，培养儿童友爱、合作的精神(图10-18)。

图10-15　亲地空间

图10-16　亲水空间

图10-17　亲绿空间

图10-18　亲子空间

10.2.2　居住区景观的发展趋势

　　早期居住区的景观设计往往被简单地理解为绿化设计，景观布置也以园艺绿化为主，景观规划设计在居住区规划设计中往往成为建筑设计的附属，常常是轻描淡写一笔带过，未经深入设计的环境效果难免不尽如人意。如今，居住区的景观环境越来越受房地产发展商和居民的重视，同时现代居住区环境景观出现一些新的趋势。如景观主题地产、环保主题地产、文化主题地产、休闲主题地产、智能主题地产等。更多地关注环境和文化，倡导社区新的生活方式，与传统的景观相比现代居住区环境景观出现一些新的趋势。

　　(1) 强调环境景观的共享性。

　　这是住房商品化的特征，应使每套住房都获得良好的景观环境效果。首先，要强调居住区环境资源的均匀和共享，在规划时应尽可能地利用现有的自然环境创造人工景观，让所有的住户能均匀享受这些优美环境。其次，要强化围合功能强、形态各异、环境要素丰富、安全安静的院落空间，达到归属领域良好的效果，从而创造温馨、朴素、祥和的居家环境(图10-19)。

图10-19　厦门裕华花园，设计主题：现代的山水庭院；设计目的：实现绿色、自然的人居环境，让繁华都市的人们回到有自然野趣的家里平静地获得甜蜜；这里不仅能平静浮躁的心灵，还能培养品德高尚的人

(2) 强调环境景观的文化性。

崇尚历史、崇尚文化是近年来居住区景观设计的一大特点。开发商和设计师开始不再机械地割裂居住建筑和环境景观，开始在文化的大背景下进行居住区的规划和策划，并通过建筑与环境艺术来表现历史文化的延续性。如南京市的"颐苑公馆"居住小区(图10-20)在传统文化中深入挖掘，从而开发出兼具历史感和时尚感的纯正的中国风格的作品。上海市的"浦东尚东国际"居住小区(图10-21)为居民塑造都市中自然优美、舒适便捷、卫生安全的英式风格住宅小区。

图10-20　南京市"颐苑公馆"

图10-21　上海市"浦东尚东国际

(3) 强调环境景观的艺术性。

20世纪90年代以前，"欧陆风格"就已经影响到居住区的设计与建设，曾盛行过欧陆风情式的环境景观，如大面积的观赏草坪、模纹花坛、规则对称的路网、罗马柱廊、欧式线脚、喷泉、欧式雕像等(图10-22)。90年代以后，居住区环境景观开始关注人们不断提升的审美需求，呈现出多元化的发展趋势，提倡简约明快的景观设计风格。同时环境景观更加关注居民生活的舒适性，居住区景观不仅要为人所赏，还为人所用。创造自然、舒适、亲近、宜人的景观空间，是居住区景观设计的又一趋势(图10-23)。

图10-22　江西锦绣半岛——"欧陆风格"　　　图10-23　"现代风格"的住宅小区景观

总之，居住区空间景观设计的核心是引导"家园"形象的形成。首先，要营造亲切平和的空间感受。居住区空间最大的特点就是安静与祥和，因而居住区的规划与建设要着重研究并确定合理的建筑空间尺度。此外，居住区应有合适的规模，以利于配套设施和环境的规划设计、建设，增强人们对小区的归属感。其次，要创造人与自然亲密和谐的环境意象。在居住区环境设计中，应该让人工的痕迹少一点，自然的成分多一些。再次，要塑造简洁温馨的视觉形象。因此居住区的建筑形象应该是令人愉悦的，居住区的色彩总体上应是明快温馨的，建筑形体及其细部处理应突出简洁清新。最后，要因地制宜、因人而异，创造居住区空间环境形象的标志特征，形成富有生活情趣而个性鲜明的空间环境形象。

10.3　城市街道景观设计

城市街道景观反映一个城市的面貌特征。作为城市设计中重要的一个环节，城市街道景观设计已成为自然景观及建筑景观等各种人工景观与城市道路之间的"软"连接，因此越来越为人们所重视。其创作手法的独特性、内容的丰富性，给城市景观带来了理念与文化、艺术的融合。

城市园林景观街景在不同的地域、不同的文化背景下，表现出不同的风格。优秀的园林景观街景，是时代性、地域文化性、自然环境性的综合反映。尽管它依附于城市结构骨架，然而它所表现出的魅力，正是园林景观艺术本身的特色所在。在现代城市建设中，新城区的园林景观街景同新的建筑形式、城市建筑物取得协调相对容易。在老城改造中，园林景观街景的建设，则要从多方面考虑，既要体现出园林景观街景的时代性，又要把老城市景观中的不利因素加以屏蔽，即采用"佳者收之，俗者摒之"的园林景观创作手法。这样，园林景观街景在不同的城市环境中，才能表现出独特的景观内涵。

10.3.1 城市道路街景

城市道路包括机动车道与非机动车道。其园林景观街景的风格与地域文化、城市风格关系密切。人们在感受城市道路园林景观的同时，通过所处的城市道路的性质，形成各自的视觉认知。而城市道路的园林景观设计，就是通过这种感知，体现出设计师的布局手法与创作思想(图10-24至图10-30)。

一般人们很少从城市形态、城市发展史这些专业角度来熟悉一座城市。一座城市给人留下深刻印象的往往是城市街道上的景观、街道上的尺度；街道两侧建筑物的体量和风格，色彩各异的广告牌匾和指示标牌；独具特色的绿化、小品、设施；街道上穿梭的车流，或漫步或急行的人们，或驻足聊天或看热闹的市民等，这些城市情景往往成为这座城市景观的代表。

图10-24

图10-25

图10-24　日本东京街景

图10-25　比利时布鲁塞尔的园林街景强调植物的自然栽植，形成自然的景观效果

图10-26	图10-27
图10-28	图10-29
图10-30	

图10-26 闻名世界的赌城拉斯维加斯。设计师充分发挥想象力，通过多变的街景题材营造出一系列令人振奋、动感极强的城市道路景观。在这里，景观通过最为豪华的语言方式表达出来，形成了全商业化的题材

图10-27 东京迪斯尼乐园街景

图10-28 美国的园林街景，以植物景观的合理配置形成季相的色彩组合，设计手法自然明快，既不喧宾夺主，又巧妙地表现出景观的独特魅力

图10-29 步行空间，景观舒缓、简洁

图10-30 在步行空间中布置地面铺装设计，体现了景观参与性的内容

10.3.2　城市滨水空间街景

　　城市滨水街道是城市的生态绿廊，具有生态效益和美化功能。城市滨水街道景观利用河、湖、海等水系沿岸用地，多呈带状分布，形成城市的滨水景观带。充分利用水体和临水道路，规划成带状临水绿地，常以一种特定的符号——水、石、沙、船及与滨水、滨海相关的设施内容来构筑景观的个性。成为附近居民及游人的休息、娱乐、观光场所。这样的景观创作手法，极具标志性与景观符号效果，同时把滨水、滨海街景的题材表现得更为清晰且极具亲和力。城市滨水空间的园林街景，从地域文化出发，在塑造街景动感空间与情感空间的同时，展示出滨水、滨海城市的风貌(图10-31至图10-34)。

图10-31　布置在绿地街景中的雕塑

图10-32　围绕着海滨景观在线形上所表现出的秩序与景观的有机组合

图10-33　帆船、雕塑构成滨海景观的特点，这些景观在构成园林街景时，把地方文脉、地域风情都充分融入景观中

图10-34　两侧通过草地、景观林衬托出建筑与水景、街景的关系

10.3.3　城市绿地空间街景

　　城市绿地空间通过植物间色彩、形态、季相、层次的合理配置，形成街景中的绿地景观系列组景。绿地空间在景观感觉上，最易被人接受。它以自身形态或经过巧妙的组织，或加以人工的修饰呈现出生机盎然的景观效果。它的生态效应是众所周知的，它的景观效应则处处体现出"以人为本"、"与自然共融"的自然品质(图10-35至图10-39)。

　　城市绿地空间的形式是多种多样的，整体风格要根据街道环境特色决定。如两侧建筑景观比较有特色，要表现建筑就选择比较低矮的植物。街道绿化有其非凡性，其植物配置最为重要。道路绿化的植物配置要体现多样化和个性化结合的美学思想；在立体条件允许的情况下，通过隔离带配置真正达到大、中、小乔木和花灌木的结合，使街道景观呈现层次化。

图10-35　旧金山的伦巴底街(Lombard Street)，被誉为"花街"。由8个转弯形成的该街区是最具特色的绿地景观，已成为游人的必游之地。在这8个转弯中，精心修剪的绿篱与花卉把坡地景观处理得丰富多彩

图10-36 城市绿地街景中，既注重规则式的绿地景观，同时也采用混合式的树种搭配

图10-37 城市绿地街景中，在乔木林中点缀雕塑，营造城市大绿的气氛

图10-38 采用花境的处理手法，使色彩丰富、层次分明

图10-39 采用热带植物的自然式布局形式，极具亲情化

10.4   城市广场设计

城市广场是城市道路交通体系中具有多种功能的开敞空间，它是城市居民交流活动的场所，是城市环境的重要组成部分。城市广场是为满足多种城市社会生活需要而建设，在城市格局中是与道路相连接的、较为空旷的部分，在城市空间环境中最具公共性、开放性、永久性和艺术性。它体现了一座城市的风貌和文明程度，最具艺术魅力，最能反映城市文化特征的开放空间，有着城市"起居室"和"客厅"的美誉。城市广场的主要职能除了提供公众活动的开敞空间外，应满足多种社会生活的需求，还应增强市民凝聚力和信心，展示城市形象面貌、体现政府政绩和业绩的作用。

城市广场按照其性质、功能和在城市交通道网中所处的位置及附属建筑物的特征，可分为以下几类。

10.4.1   集会广场

集会广场是用于政治、文化集会，以及庆典、游行、检阅礼仪、传统民间节日活动的广场，包括市政广场和政治广场等类型。它们有强烈的城市标志作用，往往安排在城市中心地带。此类广场的特点是面积较大、多以规则整形为主、交通方便、场内绿地较少，仅沿周边种植绿化(图10-40至图10-42)。集会广场应根据高峰时间人流和车辆的多少、公共建筑物主要出入口的位置来结合地形，合理布置车辆与人群的进出通道、停车场地、步行活动地带等。

图10-40   哈尔滨建筑艺术广场

图10-41　西藏布达拉宫政治广场

图10-42　意大利坎波市政广场

10.4.2　纪念性广场

纪念性广场是为了缅怀历史事件和历史人物，在城市中修建的一种主要用于纪念性活动的广场。纪念广场应突出某一主题，创造与主题相一致的环境气氛。应结合城市历史，与城市中有重大象征意义的纪念物配置设置，便于瞻仰(图10-43至图10-46)。纪念性广场中建有重大纪念意义的建筑物，如塑像、纪念碑、纪念堂等，在其前庭或四周布置园林绿化，供群众瞻仰、纪念或进行传统教育。

图10-43　南京中山陵广场　　　　　　图10-44　北京天安门广场

图10-45　圣彼得广场，这个集中各个时代的精华的广场，可容纳50万人，位于梵蒂冈的最东面，因广场正面的圣彼得教堂而闻名，是罗马教廷举行大型宗教活动的地方

图10-46　美国华盛顿二战纪念广场，位于华盛顿纪念碑和林肯纪念堂之间，是一块占地约3公顷的椭圆形花岗岩平台。56根花岗岩柱子环绕一个池塘，分别代表第二次世界大战时期美国的各个州及所属领地。两个相对而立的拱形门分别刻着"太平洋"和"大西洋"字样，代表第二次世界大战的两个战区

10.4.3　交通广场

　　交通广场是城市交通系统的有机组成部分，起到交通集散、过渡及停车等作用。交通广场应考虑人车分流或隔流，进行合理的规划布局以保证安全畅通。如环形交叉口、

桥头广场等(图10-47至图10-49)。常见形式为环形交叉路口,其中心岛多布置绿化或纪念物以增进城市景观。交通广场包括桥头广场、环形交通广场、站前广场等,应处理好广场与所衔接道路的交通,合理确定交通组织方式和广场平面布置,减少不同流向人车的相互干扰,必要时设人行天桥或人行地道。

图10-47

图10-48

图10-49

图10-47 长春市人民广场

图10-48 站前广场

图10-49 道路交通岛广场

10.4.4 商业广场

商业广场包括集市广场、购物广场。商业广场往往集购物、休息、娱乐、观赏、饮食、社会交往为一体,成为社会文化生活的重要组成部分,一般位于商业繁华地区。广场周围主要安排商业建筑,也可布置剧院和其他服务性设施;商业广场有时和步行商业街结合(图10-50、图10-51)。商业广场应以人们活动为主,合理布置商业贸易建筑、人流活动区。广场的人流进出口应与周围公共交通站协调,合理解决人流与车流的干扰。

图10-50 万达购物广场

图10-51 瑞晨商业广场

10.4.5　文化娱乐休闲广场

文化娱乐休闲广场是城市居民日常生活中重要的行为场所，也是城市中分布最广、形式多样的广场。文化娱乐休闲广场主要是为市民提供一个良好的户外活动空间，满足市民节假日的休闲、娱乐、交往的要求。这类广场一般布置在城市商业区、居住区周围，多与公共绿化用地相结合。在地面铺装、绿化、景观小品的设计上，不但要富有趣味性，还要能体现所在城市的文化特色(图10-52至图10-57)。

图10-52　上海人民广场

图10-53　青岛五四广场

图10-54　运动娱乐广场

图10-55　滨海娱乐休闲广场

图10-56　花园休闲广场

图10-57　居住区景观广场

10.5 城市公园设计

城市公园以绿化为主，具有较大规模和比较完善的设施可供城市居民休息、游览之用的城市公共活动空间。城市公园是城市景观绿地系统中的一个重要组成部分，由政府或公共团体建设经营，供市民游憩、观赏、娱乐，同时是人们进行体育锻炼、科普教育的场地，具有改善城市生态、美化环境的作用。城市公园一般以绿地为主，常有大片树林，因此又被誉为"城市绿肺"。

城市公园按照功能内容的不同可分为综合性公园和主题性公园。

10.5.1 综合性公园

综合性公园是城市园林绿地系统、公园系统的重要组成部分，是城市居民文化生活不可缺少的重要因素。综合性公园一般面积较大，设施齐全，内容丰富，服务项目多，功能复杂的景园，多属于市一级管理。纽约中央公园、北京的陶然亭公园、上海的长风公园、广州的越秀公园等都属于综合性公园(图10-58至图10-61)。

图10-58 美国纽约中央公园，号称纽约的"后花园"，不仅是纽约市民的休闲地，更是世界各国旅游者喜爱的旅游胜地。中央公园坐落在摩天大楼耸立的曼哈顿正中，占地843英亩(约5000多亩)，是纽约最大的都市公园，也是纽约第一个完全以园林学为设计准则建立的公园

图10-59　美国纽约中央公园

图10-60　北京陶然亭公园是以燕京名胜陶然亭为中心规划设计修建的一座城市园林。1952年建园，因陶然亭是中国四大名亭之一，所以公园因此亭而得名。占地59公顷，其中水面17公顷。园内既保存有自战国以来多个朝代的历史文物和多处古寺观祠，同时也是李大钊、毛泽东、周恩来等革命先驱从事革命活动的纪念胜地

图10-61　北京陶然亭公园

10.5.2　主题性公园

　　主题性公园是以某一项内容为主或服务于特定对象的专业性较强的景园，如动物园、植物园、儿童公园、体育公园、森林公园等。

　　(1) 动物园是集中饲养、展览和研究野生动物及少量优良品种家禽、家畜的，可供人们游览、休息的公园(图10-62、图10-63)。

图10-62　上海野生动物园是上海市人民政府和国家林业局合作建设的我国首座国家级野生动物园。位于上海浦东南汇区境内，占地153公顷(2300亩)，距上海市中心约35公里

图10-63　上海野生动物园

　　(2) 植物园是植物科学研究机构，也是以植物的采集、鉴定、引种驯化、栽培试验为中心，可供人们游览的公园(图10-64)。

图10-64 庐山植物园创建于1934年,是中国历史最悠久的植物园,位于庐山东谷大月山和含鄱岭之间。庐山植物园现已汇集园内外植物3400多种,储藏名植物标本10万多种。庐山上的这座植物园以研究灌木为主,兼茶果、园林、药用植物

(3) 儿童公园是城市中儿童游戏、娱乐、开展体育活动的公园,儿童可从中得到文化科学普及知识的专类公园(图10-65)。

图10-65 儿童公园

(4) 运动公园为专供市民开展群众性体育活动的公园,体育设备完善,可以开运动大会,也可开展其他游览休息活动。该类公园占用面积较大,不一定要求在市内,可设在市郊交通方便之处(图10-66)。

图10-66 罗东运动公园,1986年建造此园,以水、绿、健康为园区三大主题,将地形景观、植物景观、水流景观及运动设施结合,且整体设计理念结合了台湾本土特色

(5) 森林公园是以森林及其组成要素所构成的各类景观、各种环境、气候为主的，可供人们旅游观赏、避暑疗养、科学考察和研究、文化娱乐、美育、军事教育、体育等活动的大型旅游区和室外空间(图10-67)。

图10-67　森林公园

课后练习

1.选择室外环境中的五个典型的空间类型，以速写的形式加以表达。

2.通过实际案例的欣赏和分析，掌握实际设计项目的设计手法，拓宽视野，提高设计的思维创新能力。